U0167230

特色高水平实训基地项目建设系列教材

城镇排水工程施工

主　编　刘俊峰　胡　松

副主编　苏春宏　王亚超

中国水利水电出版社

www.waterpub.com.cn

·北京·

内 容 提 要

本教材共分为 8 章，主要内容为土的工程性质、场地平整施工、室外管道开槽施工、降排水施工、室外管道不开槽施工、给排水管道附属构筑物、给排水管道施工组织与管理、给排水管道施工图读识。

本教材为给排水工程技术专业的教学用书，也可作为市政工程与土建类相关专业和工程技术人员的参考用书。

图书在版编目（ＣＩＰ）数据

城镇排水工程施工 / 刘俊峰，胡松主编. -- 北京 ：
中国水利水电出版社，2023.4
　特色高水平实训基地项目建设系列教材
　ISBN 978-7-5226-1475-5

　Ⅰ．①城… Ⅱ．①刘… ②胡… Ⅲ．①城镇－排水工
程－教材 Ⅳ．①TU992

中国国家版本馆CIP数据核字(2023)第064757号

书　　名	特色高水平实训基地项目建设系列教材 **城镇排水工程施工** CHENGZHEN PAISHUI GONGCHENG SHIGONG	
作　　者	主　编　刘俊峰　胡　松 副主编　苏春宏　王亚超	
出版发行	中国水利水电出版社 （北京市海淀区玉渊潭南路 1 号 D 座　100038） 网址：www.waterpub.com.cn E - mail：sales@mwr.gov.cn 电话：(010) 68545888（营销中心）	
经　　售	北京科水图书销售有限公司 电话：(010) 68545874、63202643 全国各地新华书店和相关出版物销售网点	
排　　版	中国水利水电出版社微机排版中心	
印　　刷	天津嘉恒印务有限公司	
规　　格	184mm×260mm　16 开本　10 印张　244 千字	
版　　次	2023 年 4 月第 1 版　2023 年 4 月第 1 次印刷	
印　　数	001—800 册	
定　　价	**39.00 元**	

凡购买我社图书，如有缺页、倒页、脱页的，本社营销中心负责调换
版权所有·侵权必究

前言 QIANYAN

城市的快速发展与老旧管线的维修替换，带来了大量的一线技术岗位需求。通过对市政管道施工企业的岗位调研，以企业岗位需求为出发点，考虑毕业生就业，培养学生在市政给排水管道工程施工中的基本知识与施工技术编制教学内容，突出市政管道工程施工的使用技能。其中，对于基本理论方面尽可能做到简明、对于较为复杂的知识内容做到通俗易懂。从当前实用的施工工艺出发，介绍应用广泛的新工艺、新技术。

本教材为北京市职业院校工程师学院建设教学改革，由北京农业职业学院依据国家示范建设专业人才培养方案和课程建设的目标与要求，按照校企专家多次研究讨论后制定的课程标准编写。本教材共分8章，主要内容为土的工程性质、场地平整施工、室外管道开槽施工、降排水施工、室外管道不开槽施工、给排水管道附属构筑物、给排水管道施工组织与管理、给排水管道施工图读识。

在本教材的编写过程中，参考了标准和技术文献资料，得到了北京排水集团和中国水利水电出版社及编者所在单位的指导和大力支持，在此一并致以诚挚的感谢。受编者的专业知识水平所限，书中若有不妥之处，恳请读者批评指正。

编者

2023 年 1 月

目录 MULU

第1章

土 的 工 程 性 质

1.1 土 的 组 成

土的组成受到土的形成过程的影响，土的形成过程是土的组成的基础。通常土是由岩石风化生成的松散堆积物，是由矿物颗粒（固相）、水（液相）和空气（气相）组成的三项组系（所谓"相"指土生成后物质的存在状态，包括微观的结构、构造），如图 1.1 所示。在特殊情况下土可成为两相物质，即没有气体时就是饱和土，没有液体时就是干土。

矿物颗粒构成土的骨架，空气和水填充骨架间的空隙，这就是土的三项组成。土的三相组成比例，反映了土的物理状态，如干燥、稍湿或很湿，密实、稍密实或松散。

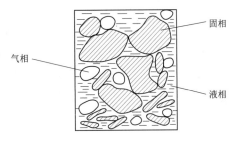

图 1.1 土的组成

1.1.1 土的固相

（1）土粒的矿物成分。土粒的矿物成分取决于母岩的矿物成分和风化作用，由原生矿物和次生矿物组成。其中，原生矿物由岩石经过物理风化形成，其矿物成分与母岩相同，例如石英、云母、长石等，特征为矿物成分的性质较稳定，由其组成的土具有无黏性、透水性较大、压缩性较低的特点；次生矿物是由岩石经化学风化后形成的新矿物，其成分与母岩不相同，例如黏土矿物有高岭石、伊利石、蒙脱石等，性质较不稳定，具有亲水性、遇水易膨胀的特点。

（2）土粒的大小——粒组。由不同矿物成分形成的土粒，其大小在一定程度上反映了土成分的不同，也影响到土的工程性质。因此，工程上常将粒径大小相近的土粒划分为一个粒组，认为同一粒组内的土粒矿物成分和工程性质相近。目前，粒组划分的标准在不同的国家，甚至同一国家的不同部门都有不同的规定。根据《土的分类标准》（GB/T 50145—2007）、《土工试验规程》（SL 237—1999）的划分方法，土粒粒组的划分见表 1.1。

（3）土的颗粒级配。工程上将各种不同的土粒按其粒径范围，划分为若干粒组。土粒的大小及组成情况，通常以土中各个粒组的相对含量（即各粒组占土粒总量的百分数）来表示，称为土的颗粒级配。

土的颗粒级配可以同试验获得，方法是：粒径 $d \geqslant 0.075\text{mm}$ 的土用筛分法，粒径 $d < 0.075\text{mm}$ 的细粒土用虹吸比重瓶法、移液管法、密度计法。当土中含有以上两种粒径

表 1.1 土　粒　粒　组　的　划　分

粒组统称	粒组名称	粒径范围/mm	一　般　特　性
巨粒组	漂石（块石）粒	＞200	透水性很大，无黏性，无毛细水
	卵石（碎石）粒	60～200	
粗粒组	砾粒（角砾）	20～60	透水性大，无黏性，毛细水上升高度不超过粒径大小
		5～20	
		2～5	
	砂粒	0.5～2	易透水，当混有云母等杂质时透水性减小，而压缩性增大；无黏性，遇水不膨胀，干燥时松散，毛细水上升高度不大，随粒径变小而增大
		0.25～0.5	
		0.075～0.25	
细粒组	粉粒	0.005～0.075	透水性小，湿时稍有黏性，遇水膨胀小，干时稍有收缩，毛细水上升较快，上升高度较大，极易出现冻胀现象
	黏粒	＜0.005	透水性很小，湿时有黏性和可塑性，遇水膨胀大，干时收缩显著；毛细水上升高度较大，但速度较慢

的土，应联合使用上述两种方法进行颗粒级配试验。土的颗粒级配是决定无黏性土工程性质的主要因素，也是作为土的分类定名的标准。

1.1.2　土的液相

土中水的含量明显地影响土的性质（尤其是黏性土）。土中水除了一部分以结晶水的形式吸附于固体颗粒的晶格外，还存在结合水和自由水。

（1）结合水包括强结合水和弱结合水。强结合水（吸着水）指紧靠于颗粒表面的水膜，其所受电场的作用力很大，几乎完全固定排列，丧失液体的特性而接近于固体；弱结合水（薄膜水）指紧靠强结合水的外围形成的结合水膜，其所受的电场作用力随着与颗粒距离增大而减弱。

（2）自由水。自由水存在于土粒电场影响范围以外，性质和普通水无异，能传递水压力，冰点为0℃，有溶解能力。自由水包括毛细水和重力水两种。

1.1.3　土的气相

土中气体存在于土孔隙中未被水占据的部分，分为与大气连通的非封闭气体和与大气连通的封闭气体。

（1）非封闭气体。非封闭气体受外荷作用时被挤出土体外，对土的性质影响不大。

（2）封闭气体。封闭气体受外荷作用，不能逸出，被压缩或溶解于水中，压力减小时能有所复原，对土的性质有较大的影响，使土的渗透性减小，弹性增大和延长土体受力后变形达到稳定的历时。

1.2　土　的　结　构

土的结构主要是指土体中土粒的排列与连接。土的结构有单粒结构、蜂窝状结构和絮凝状结构，如图1.2所示。

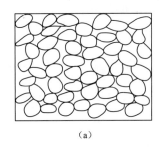 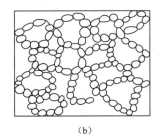 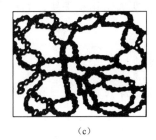

（a） （b） （c）

图 1.2 土的结构

（a）单粒结构；（b）蜂窝状结构；（c）絮凝状结构

1. 单粒结构

粗矿物颗粒在水或空气中，在自重作用下沉落而形成单粒结构，其特点是土粒间存在点与点的接触，如图 1.2（a）所示。根据形成条件不同，可分为疏松状态和密实状态。具有单粒结构的土是由碎石、砾石和砂粒等粗粒土组成，各颗粒单独存在，其间只有物理接触，颗粒间存在相互摩擦作用，故这类土影响其工程性质的主要指标是孔隙比或密实度，即土粒排列越密实，土的强度越大。

2. 蜂窝状结构

颗粒间点与点接触，由于彼此之间引力大于重力，接触后不再继续下沉，形成链环单位，很多链环联结起来，形成孔隙较大的蜂窝状结构，如图 1.2（b）所示。具有蜂窝状结构的土是由粉粒土串联而成，存在着大量的空隙。

3. 絮凝状结构

细微黏粒大都呈针状或片状，质量极轻，在水中处于悬浮状态。当悬液介质发生变化时，土粒表面的弱结合水厚度减薄，黏粒互相接近，凝聚成絮状物下沉，形成孔隙较大的絮凝状结构，如图 1.2（c）所示。絮凝状结构的土是由黏粒土组成，黏土矿物具有明显的胶体特性，比表面积大，常处于溶液或悬浮液状态。

土粒的实际结构要比上述的几类典型结构型式复杂得多，任何天然状态下的土都不是由单一颗粒组成，常是一种混合的结构，影响着土的物理、力学性质，所以研究土的结构对工程施工是非常重要的。

1.3 土 的 含 水 率

土中水的质量与土粒质量之比的百分数称为土的含水率，用符号 ω 表示。

$$\omega = \frac{m_\omega}{m_s} \times 100\%$$

式中 m_ω——土中水的质量，g；

m_s——单位体积土粒的质量，g。

含水率是描述土的干湿程度的重要指标，天然土的含水率变化范围很大，与土的种类、埋藏条件及其所处的自然地理环境等有关。含水率小，土较干；反之土很湿或饱和。

测定方法通常用烘干法，亦可用酒精燃烧法、红外线法、炒干法等快速方法。

1.4　土 的 干 密 度

土的单位体积内颗粒的质量称为土的干密度，用符号 ρ_d 表示，其单位是 g/cm³。

$$\rho_d = \frac{m_s}{V}$$

式中　V——土的体积，cm³。

其他符号含义同前。

一般土的干密度为 $1.3\sim1.8$g/cm³，土的干密度越大，表明土越密实，工程上常用这一指标控制回填土的质量。

1.5　土 的 饱 和 度

土的饱和度指土的孔隙中所含水的体积与土中孔隙体积的比值，以百分数表示，用符号 S_r 表示。饱和度可以说明土孔隙中充满水的程度，其值为 $0\sim100\%$，干土的 $S_r=0$，饱和土的 $S_r=100\%$。根据饱和度 S_r 的数值可把细砂、粉土分为稍湿、很湿和饱和三种湿度状态，见表 1.2。

表 1.2　　　　　　　　　　砂土湿度状态的划分

湿　　度	稍　　湿	很　　湿	饱　　和
饱和度 S_r	$S_r \leqslant 50\%$	$50\% < S_r \leqslant 80\%$	$S_r > 80\%$

1.6　土 的 孔 隙 比

土中孔隙体积与颗粒体积相比称为孔隙比，用符号 e 表示；孔隙比是表示土的密实程度的一个重要指标。一般来说 $e<0.6$ 的土是密实的，土的压缩性低；$e>1.0$ 的土是疏松的，土的压缩性高。

$$e = \frac{V_v}{V_s}$$

式中　V_v——土中的孔隙体积，m³；

V_s——土中的颗粒体积，m³。

1.7　土 的 孔 隙 率

土中孔隙体积与土的体积之比的百分数称为土的孔隙率，用符号 n 表示。

$$n = \frac{V_v}{V} \times 100\%$$

1.8　土的可松性和压密性

天然状态下的土经开挖后结构被破坏，因松散而体积增大，这种现象称为土的可松性。土经开挖、运输、堆放而松散，松散土与原土体积之比用可松性系数 K_1 表示。

$$K_1 = \frac{V_2}{V_1}$$

土经回填后，其体积增加值用最后可松性系数 K_2 表示。

$$K_2 = \frac{V_3}{V_1}$$

式中　V_1——开挖前土的自然状态体积，m^3；

　　　V_2——开挖后土的松散体积，m^3；

　　　V_3——压实后土的体积，m^3。

可松性系数的大小取决于土的种类，见表1.3。

表 1.3　　　　　　　　　　　土 的 可 松 性 系 数

土 的 种 类	体积增加百分比/%		可松性系数	
	最初	最后	K_1	K_2
砂土、粉土、种植地、淤泥、淤泥质土	8～17	1～2.5	10.8～1.17	1.01～1.03
	20～30	3～4	1.20～1.30	1.03～1.04
潮湿土、砂土、混碎（卵）石、粉质黏土、素填土	14～28	1.5～5	1.14～1.28	1.02～1.05

1.9　土　的　分　类

1. 土的一般分类

土的种类很多，分类方法也很多，一般按土的组成、生产年代和生产条件对土进行分类。按《建筑地基基础设计规范》（GB 50007—2011），地基土可分为岩石、碎石土、砂土、粉土、黏性土、人工填土六类，每类又可以分成若干小类。

（1）岩石。颗粒间牢固黏结，呈整体或具有节理裂隙的岩体称为岩石，根据其坚硬程度、完整程度及风化程度进行分类。

（2）碎石土。碎石土中粒径大于2mm的颗粒占全重50%以上，根据颗粒级配和占全重百分率的不同，分为漂石、块石、卵石、碎石、圆砾和角砾，见表1.4。

表 1.4　　　　　　　　　　　碎 石 土 的 分 类

类别	颗粒形状	粒 组 含 量
漂石	磨圆	粒径大于200mm的颗粒超过全重的50%
块石	棱角	

续表

类别	颗粒形状	粒 组 含 量
卵石	磨圆	粒径大于 20mm 的颗粒超过全重的 50%
碎石	棱角	
圆砾	磨圆	粒径大于 2mm 的颗粒超过全重的 50%
角砾	棱角	

（3）砂土。粒径大于 2mm 的颗粒含量不超过全重的 50%，而粒径大于 0.075mm 的颗粒含量超过全重的 50% 的土称为砂土。砂土根据粒组的含量不同又被细分为砾砂、粗砂、中砂、细砂和粉砂五类，见表 1.5。

表 1.5   砂 土 的 分 类

类别	粒 组 含 量	类别	粒 组 含 量
砾砂	粒径大于 2mm 的颗粒占全重的 25%～50%	细砂	粒径大于 0.075mm 的颗粒超过全重的 85%
粗砂	粒径大于 0.5mm 的颗粒超过全重的 50%	粉砂	粒径大于 0.075mm 的颗粒超过全重的 50%
中砂	粒径大于 0.25mm 的颗粒超过全重的 50%		

（4）粉土。粒径大于 0.075mm 的颗粒含量不超过 50%，且塑性指数 IP 在 3（不含）～10（含）的土称为粉土。当 IP 接近 3 时，其性质与砂土相似；当 IP 接近 10 时，其性质与粉质黏土相似。

（5）黏性土。塑性指数 $IP>10$ 的土称为黏性土。黏土按其粒径级配、矿物成分和溶解于水中的盐分等组成情况，分为粉土、粉质黏土和黏土。其中 $10<IP\leqslant17$ 的土称为粉质黏土；$IP>17$ 的土称为黏土。黏性土可以根据液性指数 IL 分为坚硬、硬塑、可塑、软塑、流塑五种状态。

（6）人工填土。按其组成和成因分为素填土、压实填土、杂填土和冲填土。

1）素填土。由碎石土、砂土、黏土组成的填土称为素填土。

2）压实填土。经分层压实的统称素填土，又称压实填土。

3）杂填土。含有建筑垃圾、工业废渣、生活垃圾等杂物的填土称为杂填土。

4）冲填土。由水力冲填泥沙形成的填土称为冲填土。

2．土的工程分类

按土石坚硬程度和开挖使用工具，将土分为八类，见表 1.6。

表 1.6   土 的 工 程 分 类

土的分类	土（岩）的组成成分	密度/(t/m³)	开挖方法及工具
一类土 （松软土）	略有黏性的砂土、粉土、腐殖土及疏松的种植土、泥炭（淤泥）	0.6～1.5	用锹、少许用脚蹬或用锄头挖掘
二类土 （普通土）	潮湿的黏性土和黄土，软的黏土和碱土，含有建筑材料碎屑、碎石、卵石的堆积土和种植土	1.1～1.6	用锹、脚蹬，少许用镐
三类土 （坚土）	中等密实的黏性和黄土，含有碎石、卵石或建筑材料碎屑的潮湿的黏性土和黄土	1.8～1.9	主要用镐、条锄挖掘，少许用撬棍

土的分类	土（岩）的组成成分	密度/(t/m³)	开挖方法及工具
四类土（砂砾坚土）	坚硬密实的黏性土或黄土，含有碎石、砾石的中等密实黏性土或黄土，硬化的重盐土，软泥灰岩	1.9	全部用镐、条锄挖掘，少许用撬棍
五类土（软岩）	硬的石炭纪黏土，胶结不紧的砾岩，软的、节理多的石灰岩及贝壳石灰岩，坚实白垩，中等坚实的页岩、泥灰岩	1.2～2.7	用镐或撬棍、大锤挖掘，部分使用爆破办法
六类土（次坚石）	坚硬的泥质页岩，坚硬的泥灰岩，角砾状花岗岩泥质石灰岩，黏土质砂岩，云母页岩及砂质页岩，风化花岗岩、片麻岩及正常岩，密石灰岩等	2.2～2.9	用爆破方法开挖，部分用风镐
七类土（坚石）	白云岩、大理石、坚实石灰岩、石灰质及石英质的砂岩、坚实的砂质页岩以及中粗花岗石岩	2.5～2.9	用爆破方法开挖
八类土（特坚石）	坚实的粗花岗岩、花岗片麻岩、闪长岩、辉长岩、石英岩、安山岩、玄武岩、最坚实辉绿岩、石灰岩及闪长岩等	2.7～3.3	用爆破方法开挖

第2章

场 地 平 整 施 工

2.1 土 方 量 计 算

2.1.1 断面法

断面法适应于地面起伏变化大的地区，或挖深大而又不规则的地区，尤其是长条形的挖方工程更为有利。

1. 计算断面面积的方法

（1）方格纸法。用方格纸敷在图纸上，通过数方格数，再乘以每个方格面积而求得。方格网越密，精度越高。具体在数方格时，测量对象占方格单元1/2以上，按一整个方格计；否则不计。最后进行方格数的累加，再求取面积即可。

（2）求积仪法。运用求积仪进行测量，此法简便、精度高。

（3）标准图计算法。将所取的每个断面划分为若干个三角形或梯形，如图2.1所示。

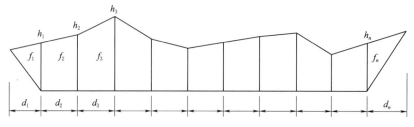

图 2.1　断面法计算简图

三角形或梯形的面积：

$$f_1 = \frac{1}{2} h_1 d_1, f_2 = \frac{1}{2}(h_1 + h_2) d_2, \cdots, f_n = \frac{1}{2} h_n d_n \tag{2.1}$$

则该断面面积：

$$F_1 = f_1 + f_2 + \cdots + f_n \tag{2.2}$$

同理可求出其他断面的面积：

$$F_1, F_2, \cdots, F_n \tag{2.3}$$

2. 土方量的计算

根据选定的断面进行沟槽土方量计算，两相邻计算断面间的土方量 V 为

$$V = \frac{F_1 + F_2}{2} L \tag{2.4}$$

式中　F_1，F_2——相邻两计算断面的面积，m^2；

　　　　L——两断面间距，m。

2.1.2　方格网法

方格网法适用于地形较平缓的场地，计算精度较高，其计算步骤如下。

1. 划分方格网

依据已有地形图，将需进行土方工程量计算的范围分成若干个方格网，网格尽量与测量的坐标网相对应。方格网一般采用 10m×10m，20m×20m 或 40m×40m。

2. 计算施工高度

将自然地面标高与设计地面标高分别标注在方格点的右上角和右下角。将设计标高和同一地面高程的差值写在网格的左上角，挖方标用"＋"表示，填方标用"－"表示，如图 2.2 所示。

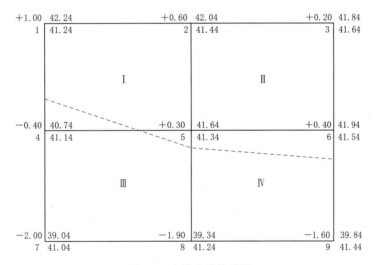

图 2.2　方格法计算简图

3. 计算零点位置

在一个方格网内同时有填方或挖方时，要先算出方格网边的零点位置，并标注在方格网上。将零点连线就得到零线，它是填方区和挖方区的分界线，在此线上各点施工高度等于零。零点位置可按式（2.5）和式（2.6）计算，如图 2.3 所示。

$$X_1 = a \cdot \frac{h_1}{h_1 + h_2} \tag{2.5}$$

$$X_2 = a \cdot \frac{h_2}{h_1 + h_2} \tag{2.6}$$

式中　X_1，X_2——角点至零点的距离，m；

　　　　h_1，h_2——相邻两角的施工高度，m，计算时均采用绝对值；

　　　　a——方格网的边长，m。

实际工作中，为省略计算，常采用图解法直接求出零点。如图 2.4 所示，方法是用尺在各角上标出相应比例，用尺相连，与方格相交点即为零点。

第2章 场地平整施工

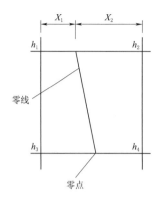
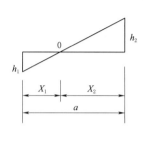

图 2.3 零点位置计算示意图

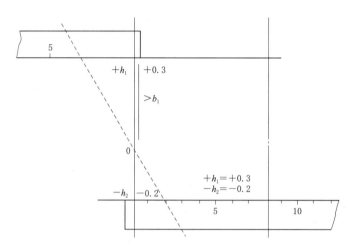

图 2.4 零点位置图解法

4. 计算方格土方工程量

方格土方工程量计算公式见表 2.1。

表 2.1　　　　　　　　　常用方格网点计算公式

项目	图　式	计　算　公　式
一点挖方或填方（三角形）		$V=\dfrac{1}{2}bc\dfrac{\sum h}{3}=\dfrac{bch_3}{6}$ 当 $b=c=a$ 时，$V=\dfrac{a^2h_3}{6}$
二点挖方或填方（梯形）		$V_-=\dfrac{b+c}{2}\cdot a\cdot\dfrac{\sum h}{4}=\dfrac{a}{8}(b+c)(h_1+h_3)$ $V_+=\dfrac{d+e}{2}\cdot a\cdot\dfrac{\sum h}{4}=\dfrac{a}{8}(d+e)(h_2+h_4)$

10

项目	图　式	计　算　公　式
三点挖方或填方（五角形）		$$V_- = \frac{1}{2}bc \cdot \frac{\sum h}{3} = \frac{bch_3}{6}$$ $$V_+ = \left(a^2 - \frac{bc}{2}\right)\frac{\sum h}{5} = \left(a^2 - \frac{bc}{2}\right)\frac{h_1 + h_2 + h_4}{5}$$
四点挖方或填方（正方形）		$$V_+ = \frac{a^2}{4}\sum h = \frac{a^2}{4}(h_1 + h_2 + h_3 + h_4)$$

5. 列表汇总

将计算的各方格土方工程量列表汇总，分别求出总的挖方工程量和填方工程量。

2.2　土　方　量　调　配

场地平整就是将天然地面改为工程上所要求的设计平面。场地设计平面通常由设计单位在总图竖向设计中确定，由设计平面的标高和天然地面的标高差，可以得到场地各点的施工高度（填挖高度），由此可以计算场地平整的土方量。

土方工程量计算完成后，即可进行土方的调配工作。土方量调配，就是对挖土的利用、堆弃和填方三者之间的关系进行综合协调处理的过程。一个好的土方量调配方案，应该既使土方运输量或费用达到最小，又方便施工。

2.2.1　土方量调配原则

（1）土方运输和费用最小。力求使挖方与填方基本平衡，就近调配使挖方与运距的乘积之和尽可能为最小。

（2）相结合的原则。考虑近期施工与后期利用相结合的原则；考虑分区与全场相结合的原则；还应尽可能与大型地下建筑物的施工相结合，使土方运输无对流和乱流的现象。

（3）机械设备合理使用。合理选择恰当的调配方向、运输路线，使土方机械和运输车辆的功率能得到充分发挥。

（4）土的合理安排。好土用在回填质量要求高的地区；取土或弃土尽量不占或少占农田。

总之，土方的调配必须根据现场的具体情况、有关资料、进度要求、质量要求、施工方法与运输方法，综合考虑的原则，进行技术经济比较，选择最佳的调配方案。

2.2.2　编制土方调配图表

为了更直观地反映场地调配的方向及运输量，一般应编制土方调配图表，其编制程序如下：

（1）划分调配区。在场地平面图上先划出挖、填方区的分界线（即零线）；根据地形及地理条件，可在挖方区和土方区适当地分别划出若干调配区。

（2）计算土方工程量。计算各调配区的土方工程量，并标在图上。

（3）求平均运距。求出每对调配区之间的平均运距。平均运距即挖方区土方重心至填方区土方重心的距离。

（4）进行土方调配。采用线性规划中"表上作业法"进行。

（5）画出土方调配图。土方调配图，如图 2.5 所示。

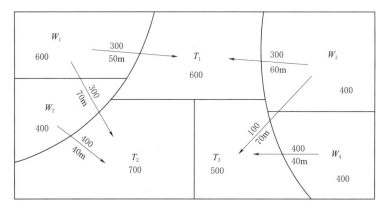

图 2.5　土方调配图

（6）列出土方工程量调配平衡表。土方工程量调配平衡表见表 2.2。图 2.5 中箭头上方的数字表示土方量（m³），箭头下方数字为运距（m），其中 W 为挖方区，T 为填方区。

表 2.2　　　　　　　　　　　　　　　土方工程量调配平衡表

挖方区编号	挖方数量/m³	填方区编号、填方数量/m³			
		T_1	T_2	T_3	合计
		600	700	500	1800
W_1	600	300	300		
W_2	400		400		
W_3	400	300		100	
W_4	400			400	
合计	1800				

第3章

室外管道开槽施工

3.1 施 工 方 案 设 计

沟槽开挖前，必须对施工方案进行设计，设计时必须了解以下情况。

3.1.1 基本情况
了解施工现场的地形地貌、建筑物、各种管线及其他设施的情况。

3.1.2 地质概况和水文地质资料
收集施工现场土壤的类别及其物理性能、地下水流向、静水位及其季节变化、不同土层厚度及其渗透系数、抽水影响半径等资料。若在岸边施工时还应掌握河潮的季节水位、流速、流量、浪高、潮汐等数据。

3.1.3 气象资料
气象资料包括施工期间最高气温、最低气温、日温差、气温的季节变化、最大风力及其出现的季节等。

3.1.4 交通、排水条件
工程用地、交通运输及排水条件，其中排水条件主要是指地面坡度，径流方向，雨水、地下水的排泄地点等。

3.1.5 施工现场供水、电情况
施工现场是否有市政供水、电网供电等情况。

3.1.6 工程材料、施工机械供应条件
施工材料的供应时间与数量，主要施工机械的性能及其供应数量、时间。

3.1.7 其他资料
在地表水水体中或岸边施工时，应掌握地表水的水文和航运资料；在寒冷地区施工时，应掌握地表水的冻结及流冰等资料；结合工程特点和现场条件相关的其他情况及资料。

3.2 沟 槽 开 挖

3.2.1 开挖要求
（1）沟槽开挖前需要准备沟槽施工平面布置图及开挖断面图。

（2）沟槽形式、开挖方法及堆土要求。施工设备机具的型号、数量及作业要求。

（3）不良土质地段沟槽开挖时采取的护坡和防止沟槽坍塌的安全技术措施。

（4）施工安全、文明施工、沿线管线及构（建）筑物保护要求。

3.2.2　断面形式

沟槽的开挖断面应考虑管道结构施工是否方便，确保工程质量和施工作业安全，开挖断面应具有一定强度和稳定性，同时应结合少挖方、少占地、经济合理的原则。在了解开挖地段土壤性质及地下水位情况后，可结合管径大小、埋管深度、施工季节、地下构筑物情况、施工现场及沟槽附近地上、地下构筑物的位置等因素，

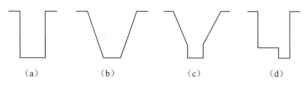

图 3.1　沟槽断面形式

（a）直槽；（b）梯形槽；（c）混合槽；（d）联合槽

选择开挖方法，合理确定沟槽开挖断面。常采用的沟槽断面形式（图 3.1）有直槽、梯形槽、混合槽等；当有两条或多条管道共同埋设时，还需采用联合槽。

（1）直槽即沟槽的边坡基本为直坡，一般情况下开挖断面的边坡小于 0.05，直槽断面常用于工期短、深度浅的小管径工程，如地下水位低于槽底，直槽深度不超过 1.5m 的情况。

（2）梯形槽（大开槽），即槽帮具有一定坡度的开挖断面，开挖断面槽帮放坡，不用支撑，槽底需在地下水位以下。目前多采用人工降低水位的施工方法，减少支撑。采用此种大开槽断面，需要土质好（如黏土、亚黏土），虽然槽底在地下水以下也可以在槽底挖成排水沟，进行表面排水，保证其槽帮土壤的稳定。大开槽断面是应用较多的一种形式，尤其适用于机械开挖的施工方法。

（3）混合槽即由直槽与大开梯形槽组合而成多层开挖断面，较深的沟槽宜采用此种混合槽分层开挖断面。混合槽一般多用于深槽施工，采取混合槽施工时，上部槽尽可采用机械开挖，下部槽的开挖常需同时考虑采用排水及支撑等施工措施。

（4）联合槽是由两条或多条管道共同埋设的沟槽，其断面形式要根据沟槽内埋设管道的位置，数量和各自的特点而定，多是由直槽或大开槽按照一定形式组合而成的开挖断面。

3.2.3　断面尺寸

以梯形槽为例（图 3.2），沟槽断面各部位的尺寸按如下方法确定。

1. 沟槽下底宽度

$$W_\text{下} = B + 2b \qquad (3.1)$$

式中　$W_\text{下}$——沟槽下底宽度，m；

　　　B——基础结构宽度，m；

　　　b——工作面宽度，m。

每侧工作面宽度 b 取决于管道断面尺寸和施

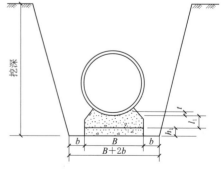

图 3.2　沟槽尺寸计算

B—基础结构宽度；b—工作面宽度；t—管壁厚度；

l_1—管座厚度；h_1—基础厚度

工方法，一般不大于 0.8m，可按表 3.1 确定。

表 3.1 沟槽底部每侧工作面宽度 单位：mm

管道结构宽度	每 侧 工 作 面 宽 度		
	混凝土管	新型塑料管	金属管或砖沟
200～500	400	200	300
600～1000	500	300	400
1100～1500	600	300	600
1600～2500	800	300	800

注 1. 管道无管座时，按管道外皮计；有管座时，按管座外皮计；砖砌或混凝土管沟按管沟外皮计。
　　2. 沟底需设排水沟时，工作面应适当增加。
　　3. 有外防水的砖沟或混凝土沟，每侧工作面宽度宜取 800mm。

管道基础结构宽度根据管径大小确定，对市政给水排水管道，可直接采用《全国通用给水排水标准图集》S2 中规定的各部位尺寸；其他市政管道可参照市政给水排水管道确定。

2. 沟槽开挖深度

沟槽开挖深度按管道设计纵断面确定，通常按式（3.2）计算：

$$H=H_1+h_1+l_1+t \tag{3.2}$$

式中　H——沟槽开挖深度，m；

　　　H_1——管道设计埋设深度，m；

　　　h_1——管道基础厚度，m；

　　　l_1——管座厚度，m；

　　　t——管道壁厚，m。

施工时，如沟槽地基承载力较低，需要加设基础垫层时，沟槽的开挖深度尚需考虑垫层的厚度。

3. 沟槽上口宽度

沟槽上口宽度按式（3.3）计算：

$$W_上=W_下+2nH \tag{3.3}$$

式中　$W_上$——沟槽的上口宽度，m；

　　　$W_下$——沟槽的下底宽度，m；

　　　H——沟槽的开挖深度，m；

　　　n——沟槽槽壁边坡率。

4. 沟槽坡度

为了保持沟槽侧壁的稳定，开挖时必须有一定的边坡。在天然土中开挖沟槽，如果槽底标高高于地下水位，可以考虑开挖直槽。不需加设支撑的直槽边坡一般采用 1∶0.05。

当采用梯形槽时，应按土的类别选定边坡，并符合表 3.2 的规定。

地质条件良好、土质均匀、地下水位低于沟槽底面高程，且开挖深度在 5m 以内、沟槽不设支撑时，沟槽边坡最陡坡度应符合表 3.3 规定。

表 3.2　　　　　　　　　　梯 形 槽 的 边 坡

土 的 类 别	人 工 开 挖	机 械 开 挖	
		在槽底开挖	在槽边上开挖
一、二类土	1:0.5	1:0.33	1:0.75
三类土	1:0.33	1:0.25	1:0.67
四类土	1:0.25	1:0.10	1:0.33

表 3.3　　　　　　　深度在 5m 以内的沟槽边坡的最陡坡度

土 的 类 别	边坡坡度 （高：宽）		
	坡顶无荷载	坡顶有静载	坡顶有动载
中密的砂土	1:1.00	1:1.25	1:1.50
中密的碎石类土（充填物为砂土）	1:0.75	1:1.00	1:1.25
硬塑的粉土	1:0.67	1:0.75	1:1.00
中密的碎石类土（充填物为黏性土）	1:0.50	1:0.67	1:0.75
硬塑的粉质黏土、黏土	1:0.33	1:0.50	1:0.67
老黄土	1:0.10	1:0.25	1:0.33
软土（经井点降水后）	1:1.25	—	—

注　1. 当有成熟施工经验时，可不受本表限制。

　　2. 在软土沟槽坡顶不宜设置静载时，应对土的承载力和边坡的稳定性进行验算。

5. 注意事项

（1）临时堆土或施加其他荷载时，应符合下列规定：

1）不得影响建（构）筑物、各种管线和其他设施的安全。

2）不得掩埋消火栓、管道闸阀、雨水口、测量标志以及各种地下管道的井盖，且不得妨碍其正常使用。

3）堆土距沟槽边缘不小于 0.8m，且高度不应超过 1.5m；沟槽边堆置土方不得超过设计堆置高度。

（2）沟槽挖深较大时，应确定分层开挖的深度，并符合下列规定：

1）人工开挖沟槽的槽深超过 3m 时应分层开挖，每层的深度不超过 2m。

2）人工开挖多层沟槽的层间留台宽度：放坡开槽时不应小于 0.8m，直槽时不应小于 0.5m，安装井点设备时不应小于 1.5m。

3）采用机械挖槽时，沟槽分层的深度按机械性能确定。

（3）采用坡度板控制槽底高程和坡度时，应符合下列规定：

1）坡度板选用具有一定刚度，且不易变形的材料制作，其设置应牢固。

2）对于平面上呈直线的管道，坡度板设置的间距不宜大于 15m；对于曲线管道，坡度板间距应加密；井室位置、折点和变坡点处应增设坡度板。

3）坡度板距槽底的高度不宜大于 3m。

（4）沟槽的开挖应符合下列规定：

1）沟槽的开挖断面应符合施工组织设计（方案）的要求。槽底原状地基土不得扰动，机械开挖时，槽底预留 200～300mm 土层由人工开挖至设计高程，整平。

2）槽底不得受水浸泡或受冻，槽底局部扰动或受水浸泡时，宜采用天然级配砂砾石或石灰土回填；槽底扰动土层为湿陷性黄土时，应按设计要求进行地基处理。

　　3）槽底土层为杂填土、腐蚀性土时，应全部挖除并按设计要求进行地基处理。

　　4）槽壁平顺，边坡坡度符合施工方案的规定。

　　5）在沟槽边坡稳固后，设置供施工人员上下沟槽的安全梯。

3.2.4　土方量

　　沟槽土方量通常根据沟槽的断面形式，采用平均断面法进行计算。由于管径的变化和地势高低的起伏，要精确地计算土方量，须沿长度方向分段计算。重力流管道一般以敷设坡度相同的管段作为一个计算段的土方量；压力流管道计算断面的间距最大不超过 100m。将各计算段的土方量进行相加，即得总土方量。每一计算段的土方量按式（3.4）计算：

$$V_i = \frac{1}{2}(F_1 + F_2)L \tag{3.4}$$

$$F_i = \frac{1}{2}(W_上 + W_下)H \tag{3.5}$$

式中　V_i——各计算段的土方量，m^3；

　　　L——各计算段的沟槽长度，m；

　F_1、F_2——各计算段两端断面面积，m^2。

　　【例 2.1】　已知某一给水管线纵断面图设计如图 3.3 所示，施工地带土质为黏土，无地下水，采用人工开槽法施工，其开槽边坡采用 1:0.25，工作面宽度 $b=0.4m$，管道基

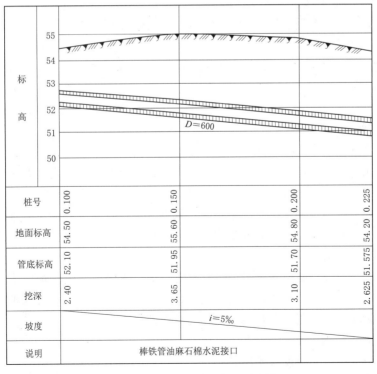

图 3.3　某给水管道纵断面示意图

础为原槽素土夯实，计算该管线沟槽开挖的土方量。

【解】　根据管线纵断面图，可以看出地形是起伏变化的。为此将沟槽按桩号分为 K0＋100 至 K0＋150，K0＋150 至 K0＋200，K0＋200 至 K0＋225 三段进行计算。给水管道的基础为原槽素土夯实，基础宽度为 0.6m，高度为 0m。给水管道的壁厚较小，可忽略不计，认为管道的设计埋设即为开槽深度。

1. 桩号 K0＋100 至 K0＋150 段的土方量

（1）K0＋100 处断面面积。

沟槽下底宽度：　　　　$W_下 = B + 2b = 0.6 + 2 \times 0.4 = 1.4(\text{m})$

沟槽上口宽度：　　$W_上 = W_下 + 2nH = 1.4 + 2 \times 0.25 \times 2.30 = 2.55(\text{m})$

沟槽断面面积：$F_2 = \frac{1}{2}(W_上 + W_下)H = \frac{1}{2} \times (2.55 + 1.4) \times 2.30 \approx 4.54(\text{m}^2)$

（2）K0＋150 处断面面积。

沟槽下底宽度：　　　　$W_下 = B + 2b = 0.6 + 2 \times 0.4 = 1.4(\text{m})$

沟槽上口宽度：$W_上 = W_下 + 2nH = 1.4 + 2 \times 0.25 \times 3.10 = 2.95(\text{m})$

沟槽断面面积：$F_2 = \frac{1}{2}(W_上 + W_下)H = \frac{1}{2} \times (2.95 + 1.4) \times 3.10 \approx 6.74(\text{m}^2)$

桩号 K0＋150 至 K0＋200 段的土方量：

$$V_i = \frac{1}{2}(F_1 + F_2) \cdot L = \frac{1}{2}(8.13 + 6.74) \times (200 - 150) = 371.75(\text{m}^3)$$

2. 桩号 K0＋200 至 K0＋225 段的土方量

同理，K0＋200 处断面面积为 6.74m²；K0＋225 处断面面积为 5.39m²

桩号 K0＋200 至 K0＋225 段的土方量：

$$V_i = \frac{1}{2}(F_1 + F_2) \cdot L = \frac{1}{2} \times (6.74 + 5.39) \times (225 - 200) \approx 151.63(\text{m}^3)$$

所以沟槽总土方量：$V = \sum V_i = V_1 + V_2 + V_3 = 316.75 + 371.75 + 151.63 = 840.13(\text{m}^3)$

3.2.5　测量放线

管道设计之前，勘察设计方进行选线、定线和勘测，并间隔一定举例（通视）设置线路桩和控制桩来定位管道的中心线位置。通过放线，可以准确的确定线路走向、中心线位置和施工作业带界限。施工开始前，勘察设计方应向工程承包方进行线路桩交接。

根据引入施工场地内的基准点，采用测量仪器确定拟建建筑物的所有轴线，并在施工场地的安全位置做好控制桩。结合施工图纸，利用控制桩进行基坑（槽）放线，确定土方开挖的边线。

沟槽开挖前，应设立临时水准点并加以核对，测定管道中心线、沟槽边线及附属构筑物位置。临时水准点一般设在固定建筑物上，且不受施工影响，并妥善保护，使用前要校测。沟槽边线测定好后，用白灰放线，以作为开槽的依据。

1. 放线的准备工作

（1）备齐放线区段完整的施工图。

（2）备齐交接桩记录及认定文件。

（3）检查矫正放线仪器（放线前的仪器检查与校定测量放线常用仪器是 GPS 定位仪、经纬仪、水准仪、全站仪）。使用前必须经法定部门鉴定合格并在有效期内使用。

（4）备足木桩、花杆、彩旗和白灰。

（5）备齐定桩、撒灰工具和用具。

（6）防晒、防雨、防风沙用具。

（7）野外作业车辆、通信设备。

2. 放线的步骤

（1）进行一次站场的基线桩及辅助基线桩、水准基点桩的测量，复核测量时所布设的桩概位置及水准基点标高是否正确无误，在复核测量中进行补桩和护桩工作。通过本步测量可以了解给水排水管道工程与其他工程之间的相互关系。

（2）按设计图样坐标进行测量，对给水排水管道及附属构筑物的中心桩及各部位置进行施工放样，同时做好护桩。

施工测量的允许误差，应符合表 3.4 的规定。

表 3.4　　　　　　　　　　　　施 工 测 量 允 许 误 差

项　　目	允许误差	项　　目	允许误差
水准测量高程闭合差	平地±20$\sqrt{L}$（mm） 山地±6$\sqrt{n}$（mm）	导线测量相对闭合差	1/3000
		直接丈量测距两次较差	1/5000
导线测量方位角闭合差	±40$\sqrt{n}$（mm）		

注　L 为水准测量高程闭合路线的长度（mm）。n 为水准或导线测量的测站数。

临时水准点和管道轴线控制桩的设置应便于观测且必须牢固，并应采取保护措施。开槽铺设管道的沿线临时水准点，每 200m 不宜少于 1 个。临时水准点的设置应与管道轴线控制桩、高程桩同时进行，并应经过复核方可使用，还应经常校核。已建管道、构筑物等与拟建工程衔接的平面位置和高程，开工前应校核。

给水排水管线测量工作应有正规的测量记录本，认真、详细记录，必要时应附示意图。测量记录应有专人妥善保管，随时备查，应作为工程竣工必备的原始资料加以存档。

3. 线路交桩

（1）主要工序。施工单位在开工前，建设单位应组织设计单位进行现场交桩，在交接桩前双方应共同拟定交接桩计划，交接桩时，由设计单位提供有关图表、资料。其交接桩具体内容如下：

1）双方交接的主要内容为站场的基线桩及辅助基线桩、水准基点桩以及构筑物的中心桩及有关控制桩、护桩等，并应说明等级号码、地点及标高等。交接桩前，须准备车辆、图纸、GPS 定位仪、通信设备、必要的现场标志物。

2）交接桩时，由设计单位备齐有关图表，包括给排水工程的基线桩、辅助基线桩、水准基点桩、构筑物中心桩以及各桩的控制桩及护桩示意图等，并按上述图表逐个桩进行点交。水准点标高应与邻近水准点标高闭合。施工人员应对线路的定测资料，线路平面，断面图进行详细审核，并与现场情况进行校对，防止失误。

转角桩可以采取就地标注或选用参照物标注，但不得污染其他现有设施（电线杆、水利设施）上的原有标志，同时不得涂有容易使人产生误会的标志。在转角桩容易丢失的地方，可采用钢钎就地深扎眼，然后灌生石灰的办法，同时在中心线两侧边界洒上标记。

　　接桩人员应做好线路接桩的原始记录。对丢失的控制桩和水准基标由设计单位恢复后，予以交接，交桩后发生的丢失，由施工承包商在施工前依据接桩原始记录用测量的方法予以恢复。

　　3）接桩完毕，应立即组织力量复测。接桩时，应检查各主要桩的稳定性、护桩设置的位置、个数、方向是否符合标准，并应尽快增设护桩。设置护桩时，应考虑下列因素：不被施工挖土挖掉或弃土埋没；不被施工工地有关人员、运输车辆碰移或损坏；不在地下管线或其他构筑物的位置上；不因施工场地地形变动（如施工的填挖）而影响观测。

　　4）每段管线交桩完毕，填写交接桩记录，说明交接情况，存在问题及解决办法，由业主现场代表或监理工程师、设计代表、施工人员共同会签。

　　（2）注意事项：

　　1）施工承包商应对线路定测资料、线路平面和断面图进行室内详细审核与现场核对。放线的基准点为设计单位设置的线路控制桩、转角桩和沿线路设立的临时性、永久性水准基标及与水准基标相联系的固定水准基标。

　　2）对于交桩后丢失的转角桩和水准基标，施工承包商应根据定测资料于施工前采用测量放线的方法补齐；验收合格后，要采取必要措施对测量控制桩和转角桩进行全过程保护。

　　3）在转角桩测量放线验收合格后，施工承包商根据转角桩测定管道中心线，并在转角桩之间按照图纸要求设置纵向百米桩、变坡桩、变壁厚桩、变防腐涂层桩、穿越标志桩、曲线加密桩。

　　4）水平或竖向转角的处理方式依照图纸按以下要求进行：原则上在没有地面障碍物的情况下，3°～10°采用弹性敷设，曲率半径大于 1000DN。采用冷弯弯管时，在弧长超过 1 根管长时，放线时要考虑两弧线之间的直管段长度。

　　5）对于定测资料及平、断面图已标明的地下构筑物（区）和施工测量中发现的构筑物（区），应进行调查、勘测，并在线路与障碍物（区）交叉范围两端设置标志，在标志上应注明构筑物（区）类型、埋深和尺寸等。

　　6）曲线段应采用偏角法或坐标法测量放线。

　　7）隐蔽工程、防护工程处应设桩和标志。

　　8）各种桩可采用片状木桩或竹桩，用油漆注明桩类别、编号、里程等不同桩的标注要素后，在测量仪器的指挥下定位于指定位置。

　　9）放线过程中，应与有关部门联系，取得管线穿越公路、铁路、河流、光缆、地面及地下障碍物、林区、经济作物区等的通过权。必要时可与地方各有关部门和人员联系，共同看线，现场确认。

　　10）对地方政府有重大争议的地段，施工承包商应及时向监理、设计和业主反映，并采取措施。如有重大改线，应由勘探、设计方重新定测线路，出具设计变更通知单和变更图，并向施工承包商按设计变更单和变更图重新交桩。

4. 画线

采用白石灰或其他鲜明、耐久的材料,按线路控制桩和曲线加密桩放出线路中线和施工占地边界线,如图3.4所示。

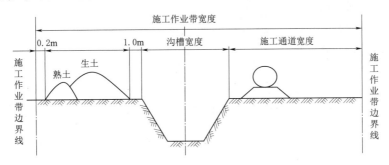

图3.4 管道施工画线作业示范图

5. 移桩

1) 在划线完毕,清扫施工作业带之前,将所有管线桩等距平行移至施工作业带堆土一侧,位于施工作业带边界线内0.3m的位置,转角桩按转角的角平分线方向移动,如图3.5所示。

2) 个别地段移桩(标记)困难时,可采用引导法定位。即在转角桩四周植上四个引导桩(标记),构成四边形,四边形对角线的交点为原转角桩的位置。

6. 转角桩

管道弯曲时,曲线形式一般为圆弧。常采用弹性敷设,依靠管道自身可变形性直接敷设在管沟内。设计曲线元素有转角、切线长、曲线长、曲率半径和外矢距,如图3.6所示。

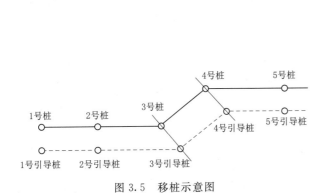

图3.5 移桩示意图   图3.6 弹性敷设示意图

$$T = R \cdot \tan\frac{\alpha}{2} \qquad (3.6)$$

$$L = \frac{\alpha \pi R}{180°} \qquad (3.7)$$

$$E = R\left(\frac{1}{\cos\frac{\alpha}{2}} - 1\right) = R\left(\sec\frac{\alpha}{2} - 1\right) \tag{3.8}$$

式中　T——切线长，m；

　　　R——曲率半径，m；

　　　α——管道的转角，(°)；

　　　L——曲线长，m；

　　　E——外矢距，m。

垂直面上弹性敷设管道的曲率半径应大于管子在自重作用下产生的扰度曲线的曲率半径〔式（3.9）〕。

$$R \geqslant 3600\sqrt[3]{\left(1 - \cos\frac{\alpha}{2}\right)\frac{D^2}{\alpha^4}} \tag{3.9}$$

式中　D——管道外径，cm。

按设计的纵断面图，在实地根据断面地形特点和里程，找到曲线上的起点、终点和中点及其他控制点的实地位置。在这些点上打好桩，并在各桩上注明标高和挖深，然后进行管沟开挖，成沟后将沟底修成平滑圆弧段。

7. 转角桩放线方法

（1）交汇法。在没有测量仪器且转角不大时采用交汇法，如图 3.7 所示。

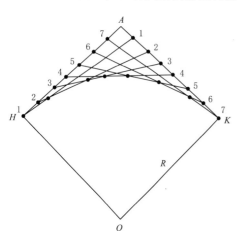

图 3.7　交汇法示意图

具体方法如下：

1）找到线路的转角桩点，然后根据切线长和转角实地确定曲线的起点和终点。

2）确定加密桩的个数 n。

3）将 HA、AK 等分为（$n+1$）份，设临时木桩并依次编号。

4）四人分别站在 HA 上 1、2 点和 AK 上 1、2 点，持花杆，调整第 5 人的位置，使其在 1-1 和 2-2 交会点处，该点即为曲线上一点，同理，2-2 与 3-3、3-3 与 4-4…的交点也为曲线上的点。

5）校核曲线误差，要求实际外矢距与设计值之差小于 10cm。

（2）坐标法。如图 3.8 所示，切线 $T = MO$ 作为 X 轴，过 M 点的曲线半径 $R = MO'$ 作为 Y 轴。计算出 1、2、3、…各点的直角坐标（X_i、Y_i）值，用钢尺从切线起点 M 或 N 沿 MO 或 NO 方向量出各点的间距 X_i，插测钎做标记，再过此点做垂线量出 Y_i 值，直到 P 点。用绳索连接 M、1、2、…、n、P、n'、…、$2'$、$1'$、N 各点成弧形曲线。

$$Y_i = \frac{x_i^2}{2R\cos^2\frac{\alpha}{2}} \tag{3.10}$$

$$Y_i = \frac{x_i^2}{2R} \tag{3.11}$$

（3）偏角法。

如图 3.9 所示，当地形比较复杂或曲线较长时，采用偏角法。其原理为：把曲线分成几份，得到曲线上各点 B_1、B_2、B_3、$\cdots$、B_n，它们与 HA 的夹角为偏角，相应的直线长为弦长。

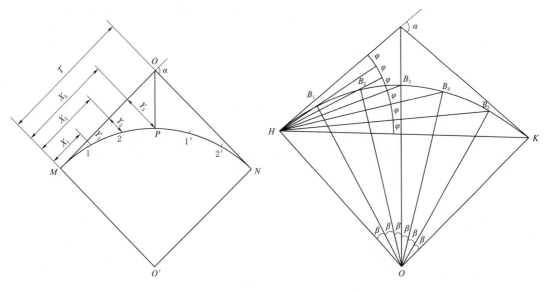

图 3.8 坐标法示意图   图 3.9 偏角法示意图

1）选取放线弧段长 $=5\sim20\mathrm{m}$，自曲线起点 H 起把曲线 HK 分为若干段，直至剩余段长度不足为止。段数为 $n=\dfrac{L}{l}$，剩余段长度 $l_L = L - nl$。

2）计算各分弧段圆心角

$$\beta = \frac{360°l}{2\pi R} = \frac{180°l}{\pi R} \tag{3.12}$$

3）计算偏角和弦长

$$\varphi_1 = \frac{\beta}{2}, \varphi_2 = 2 \cdot \frac{\beta}{2}, \cdots, \varphi_n = n \cdot \frac{\beta}{2} \tag{3.13}$$

$$HB_1 = 2R\sin\left(\frac{\beta}{2}\right), HB_2 = 2R\sin\left(2 \cdot \frac{\beta}{2}\right), \cdots, HB_n = 2R\sin\left(n \cdot \frac{\beta}{2}\right) \tag{3.14}$$

4）放线。在实地找到 H、A、K 点，把经纬仪或全站仪放在 H 点，对准 A 点作为偏角 O 点。然后将经纬仪转到偏角，找出 HB_1 的方向，量出弦长 l 得到 B_1 点，同理可以依次得到 B_2、B_3、$\cdots$、B_n，B_k 点要求找出的 K 点和实际曲线终点 K 的误差在 5cm 以内。

3.2.6 土方开挖

1. 土方开挖原则

开挖前应认真解读施工图，合理确定沟槽断面形式，了解土质、地下水位等施工现场环境，结合现场的水文、地质条件，合理确定开挖顺序。

为保证沟槽槽壁的稳定和便于排管，挖出的土应堆置在沟槽一侧，堆土坡脚距沟槽上口边缘的距离不小于1.0m，堆土高度不超过1.5m。

土方开挖不得超挖，以减小对地基土的扰动。采用机械挖土时，可在槽底设计标高以上预留200mm土层不挖，待人工清理。即使采用人工挖土也不得超挖。如果挖好后不能及时进行下一工序时，可在槽底标高以上留150mm的土层不挖，待下一工序开始前再挖除。

采用机械开挖沟槽时，应由专人负责掌握挖槽断面尺寸和标高。施工机械离沟槽上口边缘应有一定的安全距离。

软土、膨胀土地区开挖土方或进入季节性施工时，应遵照有关规定。

2. 开挖方法

土方开挖分为人工开挖和机械开挖两种方法。为了加快施工速度，提高劳动生产率，凡是具备机械开挖条件的现场，均应采用机械开挖。

沟槽机械开挖常用的施工机械有单斗挖土机、多斗挖土机和液压挖掘装载机。

（1）单斗挖土机。单斗挖土机在沟槽开挖施工中应用广泛。其机械装置包括工作装置、传动装置、动力装置、行走装置。工作装置分为正向铲、反向铲、拉铲和抓铲（合瓣铲），如图3.10所示。传动装置分为液压传动和机械传动，液压传动装置操作灵活，且能够比较准确地控制挖土深度，目前多采用是液压式挖土机。动力装置大多为内燃机。行走装置有履带式和轮胎式两种。

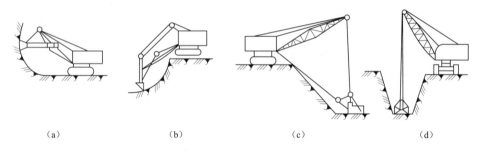

（a）　　　　　　　（b）　　　　　　　（c）　　　　　　　（d）

图 3.10　单斗挖土机工作装置

（a）正向铲；（b）反向铲；（c）拉铲；（d）抓铲

正向铲挖土机适用于开挖停机面以上的一至三类土，机械功率较大，挖土斗容量大，一般与自卸汽车配合完成整个挖运任务。可用于开挖高度大于2.0m的大型基坑及土丘。其特点是：开挖时土斗前进向上，强制切土，挖掘力大，生产率高。其工作尺寸如图3.11所示，技术性能见表3.5和表3.6。

表 3.5　　　　　　　　　机械传动正向铲挖土机的主要技术性能

技 术 参 数	符号	单位	型　　号			
			W－501		W－1001	
土斗容量	q	m³	0.5		1	
铲臂倾角	α	（°）	45	60	45	60

技 术 参 数	符号	单位	型 号			
			W－501		W－1001	
最大挖土高度	H	m	6.5	7.9	8	9
最大挖土深度	h	m	1.5	1.1	2	1.5
最大挖土半径	R	m	7.8	7.2	9.8	9
最大卸土高度	H_1	m	4.5	5.6	5.5	6.8
最大卸土高度时卸土半径	R_1	m	6.5	5.4	8	7
最大卸土半径	R_2	m	7.1	6.5	8.7	8
最大卸土半径时卸土高度	H_2	m	2.7	3	3.3	3.7

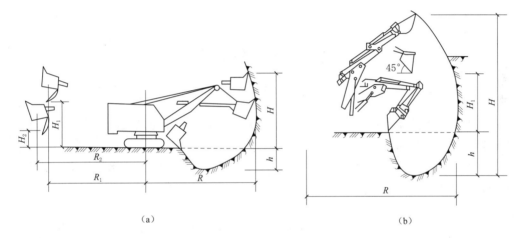

（a）　　　　　　　　　　　　　　　　（b）

图 3.11　正向铲工作尺寸

（a）械传动正向铲工作尺寸；（b）液压传动正向铲工作尺寸

表 3.6　　　　　　　　　　　　正向铲液压挖土机的主要技术性能

技术参数	符 号	单 位	型 号	
			W2－200	W4－60
铲斗容量	q	m³	2	0.6
最大挖土半径	R	m	11.1	6.7
最大挖土高度	H	m	11	5.8
最大挖土深度	h	m	2.45	3.8
最大卸土高度	H_1	m	7	3.4

　　正向铲的挖土和卸土方式，应根据挖土机的开挖路线与运输工具的相对位置确定，一般有正向挖土、侧向卸土和正向挖土、后方卸土两种方式，如图 3.12 所示。其中侧向卸土，动臂回转角度小，运输工具行驶方便，生产率高，应用较广。当沟槽和基坑的宽度较小，而深度又较大时，才采用后方卸土方式。

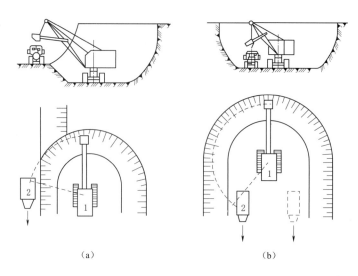

（a）　　　　　　　　　　　　　（b）

图 3.12　正向铲挖土机开挖方式

（a）侧向卸土；（b）后方卸土

1—正向铲挖土机；2—自卸汽车

在沟槽的开挖施工中，如采用正向铲挖土机，施工前需开挖进出口坡道，使挖土机位于地面以下，否则无法施工。

反向铲挖土机适用于开挖停机面以下的土方，施工时不需设置进出口坡道，其机身和装土都在地面上操作，受地下水的影响较小，广泛应用于沟槽的开挖，尤其适用于开挖地下水位较高或泥泞的土方，其外形如图 3.13 所示。

反向铲挖土机也有液压传动和机械传动两种。图 3.14 为机械传动反向铲挖土机的工作尺寸，其技术性能见表 3.7 和表 3.8。

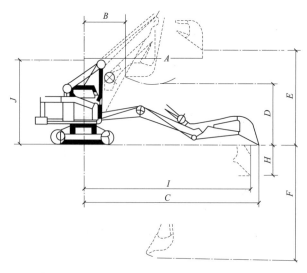

图 3.13　反向铲挖土机工作尺寸

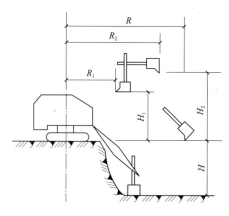

图 3.14　机械传动反向铲
挖土机工作尺寸

表 3.7			常用机械传动反向铲主要技术性能	
技 术 参 数	符 号	单 位	数 据	
土斗容量	Q	m^3	0.5	
支杆长度	L	m	5.5	
斗柄长度	L_1	m	2.8	
支杆倾角	a	(°)	45	60
最大挖掘深度	H	m	5.56	5.56
最大挖掘半径	R_1	m	9.2	9.2
卸土开始时半径	R_2	m	4.66	3.53
卸土中止时半径	r	m	8.1	7
卸土开始时高度	H_1	m	2.2	3.1
卸土终止时高度	H_2	m	5.26	6.14

表 3.8			常用液压传动反向铲挖掘机技术性能			
技 术 参 数	符号	单位	型 号			
			WY40	WY60	WY100	WY160
铲斗容量		m^3	0.4	0.6	1~2	1.6
动臂长度		m			5.3	
斗柄长度		m			2	2
停机面上最大挖掘半径	A	m	6.9	8.2	8.7	9.8
最大挖掘深度时挖掘半径	B	m	3	4.7	4	4.5
最大挖掘深度	C	m	4	5.3	5.7	6.1
停机面上最小挖掘半径	D	m		8.2		3.3
最大挖掘半径	E	m	7.18	8.63	9	10.60
最大挖掘半径时挖掘高度	F	m	1.97	1.3	1.8	2
最大装卸高度时卸载半径	G	m	5.267	5.1	4.7	5.4
最大装卸高度	H	m	3.8	4.48	5.4	5.83
最大挖掘高度时挖掘半径	I	m	6.367	7.350	6.700	7.800
最大挖掘高度	J	m	5.1	6.025	7.6	8.1

　　反向铲挖土机的开挖方式有沟端开挖和沟侧开挖两种，如图 3.15 所示。后者挖土的宽度与深度小于前者，但弃土距沟边较远。

　　沟端开挖是指挖土机停在沟槽一端，向后倒退挖土，汽车可在两侧装土，此法应用较广。其工作面宽度较大，单面装土时为 1.3R，双面装土时为 1.7R，深度可达最大挖土深度 H。

　　沟侧开挖是指挖土机沿沟槽一侧直线移动挖土。此法能将土弃于距沟槽边较远处，可供回填使用。但由于挖土机移动方向与挖土方向相垂直，所以稳定性较差，开挖深度和宽度较小（一般为 0.8R），也不能很好控制边坡。

　　拉铲挖土机适用于开挖停机面以下的一至三类土或水中开挖，功能与反向铲挖土机相

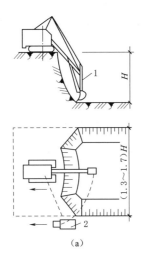

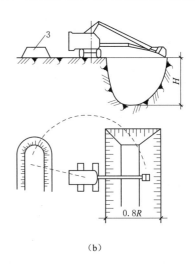

（a）　　　　　　　　　　　　　　　　（b）

图 3.15　反向铲挖土机开挖方式
（a）沟端开挖；（b）沟侧开挖
1—反向铲挖土机；2—自卸汽车；3—弃土堆

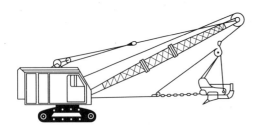

图 3.16　拉铲挖土机

同，但其开挖半径和深度均比反向铲挖土机大，主要用于开挖尺寸较大的沟槽，在给排水管道工程施工中使用较少，其外形如图 3.16 所示。

抓铲挖土机适用于开挖停机面以下的一至三类土，主要用于开挖水中的淤泥或疏通旧渠道等，在给排水管道工程施工中使用较少，其外形如图 3.17 所示。

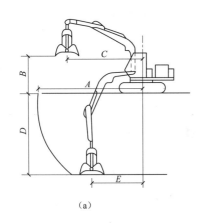

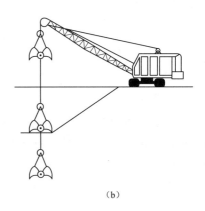

（a）　　　　　　　　　　　　　　　　（b）

图 3.17　抓铲挖土机
（a）液压式抓铲；（b）绳索式抓铲
A—最大挖土半径；B—卸土高度；C—卸土半径；D—最大挖土深度；
E—最大挖土深度时的挖土半径

（2）多斗挖土机。多斗挖土机又称挖沟机或纵向多斗挖土机，是由数个土斗连续循环挖土的施工机械。与单斗挖土机相比，它有下列优点：挖土作业是连续的，在同样条件下生产率较高；开挖每单位土方量所需的能量消耗较低；开挖沟槽的底和壁，较整齐；在连续挖土的同时，能将土自动卸在沟槽一侧。适宜开挖黄土、粉质黏土等。但不宜开挖坚硬的土和含水量较大的土。

挖沟机由工作装置、行走装置和动力、操纵及传动装置等部分组成。

挖沟机的类型：按工作装置分为链斗式和轮斗式两种；按卸土方法分为装有卸土皮带运输器和未装卸土皮带运输器两种。通常挖沟机大多装有皮带运输器。行走装置有履带式、轮胎式和履带轮胎式三种。动力装置一般为内燃机。

3.2.7　地基处理

排水管道及其附属构筑物的荷载均作用在地基基础上，由此可引起地基土的沉降，沉降量取决于土的孔隙率和附加应力的大小。当沉降量在允许范围内，管道和构筑物才能稳定安全，否则就会失去稳定或遭到破坏。因此，在排水管道的施工中，应根据地基的承载力，必要时对地基进行处理。

地基处理的目的是：改善土的力学性能、提高抗剪强度、降低软弱土的压缩性、减少基础的沉降、消除或减少黄土的湿陷性和膨胀土的胀缩性。

地基处理的方法有以下五类。

1. 换土垫层

换土垫层是一种直接置换地基持力层软弱土的处理方法。施工时将基底下一定深度的软弱土层挖除，分层回填砂、石、灰土等材料，并加以夯实振密。换土垫层是一种较简易的浅层地基处理方法，在管道施工中应用广泛，目前常用的方法有素土垫层、砂和砂石垫层、灰土垫层。

素土垫层的土料不得使用淤泥、耕土、冻土、垃圾、膨胀土以及有机物含量大于8％的土作为填料。

砂和砂石垫层所需材料宜采用颗粒级配良好、质地坚硬的中砂、粗砂、砾石、卵石和碎石，材料的含泥量不应超过5％。若采用细砂，宜掺入设计规定数量的卵石或碎石，最大粒径不宜大于50mm。

砂和砂石垫层施工的关键是将砂石料振捣到设计要求的密实度。目前，砂和砂石垫层的振捣有振密法、水撼法、夯实法、碾压法等多种方法，可根据砂石材料、地质条件、施工设备等条件选用，常用的施工方法及每层的铺筑厚度及最佳含水量见表3.9。

灰土垫层适用于处理湿陷性黄土，可消除1～3m厚黄土的湿陷性。灰土的土料宜采用地基槽中挖出的土，不得含有有机杂质，使用前应过筛，粒径不得大于15mm。用作灰土的熟石灰应在使用前一天浇水，将生石灰熟化并过筛，粒径不得大于5mm，不得夹有未熟化的生石灰块。灰土的配合比宜采用3∶7或2∶8，密实度不小于95％。该种方法施工简单、取材方便、费用较低。

2. 碾压与夯实

碾压法是采用压路机、推土机、羊足碾或其他压实机械来压实松散土，常用于大面积填土的压实和杂填土地基的处理，也可用于沟槽地基的处理。

表 3.9　　　　砂和砂石垫层的施工方法及每层的铺筑厚度及最佳含水量

项次	捣实方法	每层铺筑厚度/mm	施工最佳含水量/%	施 工 说 明	备 注
1	平振法	20～250	15～20	用平板振捣器往复振捣（宜用功率较大者）	不宜使用细砂或含泥量较大砂
2	插振法	振捣器插入深度	饱和	1. 用插入式振捣器； 2. 插入间距可根据机械振幅大小确定； 3. 不应插至下卧黏性土层； 4. 插入振捣完毕后所留的空洞应用砂填实	不宜使用细砂或含泥量较大砂
3	水撼法	250	饱和	1. 注水高度应超过每次铺筑面层； 2. 用钢叉摇撼振实，插入点间距为100mm； 3. 钢叉分四齿，齿的间距 8cm，长 30cm，木柄长 90cm	湿陷性黄土、膨胀土地区不得使用
4	夯实法	150～200	8～12	1. 用木夯或机械夯； 2. 木夯重 40kg，落距 0.4～0.5m； 3. 一夯压半夯，全面夯实	
5	碾压法	250～350	8～12	重量 6～10t 的压路机往复碾压	1. 适用于大面积砂垫层； 2. 不宜用于地下水位以下的砂垫层

碾压的效果主要取决于压实机械的压实能量和被压实土的含水量。应根据碾压机械的压实能量和碾压土的含水量，确定合适的虚铺厚度和碾压遍数。最好通过现场试验确定，在不具备试验的条件下可按表 3.10 选取。

表 3.10　　　　　　每层的虚铺厚度及压实遍数

压 实 机 械	每层虚铺厚度/mm	每层压实遍数
平碾（8～12t）	200～300	6～8
羊足碾（5～16t）	200～350	8～16
蛙式夯（200kg）	200～250	3～4
振动碾（8～15t）	600～1300	6～8
振动压实机（2t、振动力98kN）	1200～1500	10
插入式振动器	200～500	—
平板振动器	150～250	—

夯实法是利用起重机械将夯锤提到一定高度，然后使锤自由下落，重复夯击以加固地基。重锤采用钢筋混凝土块、铸铁块或铸钢块，锤重一般为 14.7～29.4kN，锤底直径一般为 1.13～1.15m。重锤夯实施工前，应进行试夯，确定夯实制度，其内容包括锤重、夯锤底面直径、落点形落距及夯击遍数。在给排水管道工程施工中，该法使用较少。

3. 挤密桩

挤密桩是通过振动或锤击沉管等方式在沟槽底成孔、在孔内灌注砂、石灰、灰土或其他材料，并加以振实加密等过程而形成的，一般有挤密砂石桩和生石灰桩。

挤密砂石桩用于处理松散砂土、填土以及塑性指数不高的黏性土。对于饱和黏土由于其透水性低，挤密效果不明显。此外，还可起到消除可液化土层（饱和砂土、粉土）的振动液化作用。

生石灰桩适用于处理地下水位以下的饱和黏性土、粉土、松散粉细砂、杂填土以及饱和黄土等地基。

4．注浆液加固

浆液加固法是指利用注泥浆液、黏土浆液或其他化学浆液，采用压力灌入、高压喷射或深层搅拌的方法，使浆液与土颗粒胶结起来。

3.2.8 沟槽支撑

1．沟槽支撑的概念

在沟槽开挖时，为了缩小施工面、减少土方量或因受场地条件的限制，不能对槽壁坡度放缓。为防止施工过程中槽壁坍塌，对其沟槽边坡进行加固的施工方法，称为沟槽支撑。沟槽支撑的作用是在沟槽施工期间能够挡土、挡水，以保证基槽开挖和基础结构施工能安全、顺利地进行，并在基础施工期间不对相邻建筑物、道路和地下管线等产生危害。

2．适用范围

沟槽支撑的荷载主要为原土和槽壁荷载所产侧向压力，沟槽支撑与否应根据土质、地下水情况、槽深、槽宽、开挖方法、排水方法、地面荷载等因素确定。因此，在沟槽开挖施工中，必须采用适当的方法对沟槽进行支撑，使槽壁不致坍塌，原因有：

（1）施工现场狭窄，且沟槽土质较差，深度较大时。

（2）开挖直槽，土层地下水较多，槽深超过1.5m，并采用表面排水方法时。

（3）沟槽土质松软有坍塌的可能，或需晾槽时间较长时，应根据具体情况考虑支撑。

（4）沟槽槽边与地上建筑物的距离小于槽深时，应根据情况考虑支撑。

（5）为减少占地对构筑物的基坑、施工操作工作坑等采用临时性基坑维护措施，如顶管工作坑内支撑，基坑的护壁支撑等。

3．支撑类型及其适用性

在市政管道工程施工中，常用的沟槽支撑有横撑、竖撑和板桩撑三种形式。

横撑由撑板、立柱和撑杠组成。可分成疏撑和密撑两种。疏撑的撑板之间有间距；密撑的各撑板间则密接铺设。

（1）横撑。疏撑又叫断续式支撑，如图3.18（a）所示，适用于土质较好、地下水含量较小的黏性土且挖土深度小于3m的沟槽。密撑又叫连续式支撑，如图3.18（b）所示，适用于土质较差且挖深在3～5m的沟槽。

（2）竖撑。竖撑由撑板、横梁和撑杠组成，如图3.19所示。用于沟槽土质较差，地下水较多或有流砂的情况。竖撑的特点是撑板可先于沟槽挖土而插入土中，回填以后再拔出。因此，竖撑便于支设和拆除，操作安全，挖土深度可以不受限制。

（3）板桩撑。在开挖深度较大的沟槽和基坑，当地下水很多且有带走土粒的危险时，如未降低地下水位，可采用打设钢板桩撑法，如图3.20所示。

板桩撑就是将板桩垂直打入槽底一定深度，增加支撑强度，抵抗土压力，防止地下水及松土渗入，起到围护作用，板桩多用于地下水较多并有流砂的情况。板桩根据所用材料

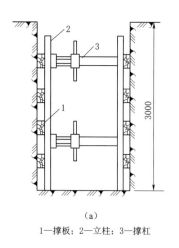

（a）

1—撑板；2—立柱；3—撑杠

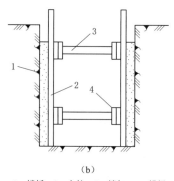

（b）

1—撑板；2—立柱；3—撑杠；4—横梁

图 3.18　横撑

（a）断续式支撑；（b）连续式支撑

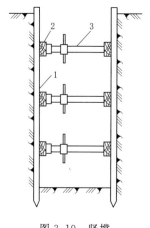

图 3.19　竖撑

1—撑板；2—横梁；3—撑杠

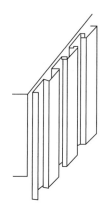

图 3.20　板桩撑

分为木板桩、钢板桩以及钢筋混凝土板桩。

施工中常用的钢板桩多是由槽钢、工字钢或特制的钢桩板组成，其断面形式如图 3.21 所示。桩板与桩板之间均采用啮口连接，以便提高板桩撑的整体性和水密性。特殊断面桩板惯性矩大且桩板间啮合作用高，故常在重要工程上采用。

桩板在沟槽或基坑开挖前用打桩机打入土中，在开挖及其后续工序作业中，始终起保证安全作用。板桩撑一般可不设横板和撑杠，但当桩板入土深度不足时，仍应辅以横板与撑杠。

（4）锚碇撑。在开挖较大基坑或使用机械挖土而不能安装撑杠时，可改用锚碇撑，如图 3.22 所示，锚桩必须设置在土的破坏范围以外，挡土板水平钉在柱桩的内侧，柱桩一端打入土内，上端用拉杆与锚桩拉紧，挡土板内侧回填土。

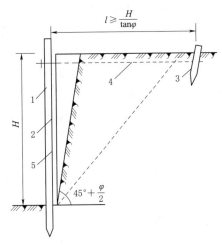

$$l \geq \frac{H}{\tan\varphi}$$

$$45° + \frac{\varphi}{2}$$

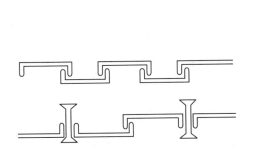

图 3.21 板桩断面形式

图 3.22 锚碇撑

1—柱桩；2—挡土板；3—锚桩；4—拉杆；
5—回填土；φ—土的内摩擦角

4. 支撑基本要求

(1) 撑板构件的规格尺寸。

1) 木撑板构件规格应符合下列规定：撑板厚度不宜小于 50mm，长度不宜小于 4m；横梁或纵梁宜为方木，其断面不宜小于 150mm×150mm；横撑宜为圆木，梢径不宜小于 100mm。

2) 撑板支撑的横梁、纵梁和横撑布置应符合下列规定：每根横梁或纵梁不得少于 2 根横撑；横撑的水平间距宜为 1.5～2.0m；横撑的垂直间距不宜大于 1.5m；横撑影响下管时，应有相应的替撑措施或采用其他有效的支撑结构。

3) 撑板支撑应随着挖土及时进行安装。

4) 在软土或其他不稳定土层中，采用横排撑板支撑时，开始支撑的沟槽开挖深度不得超过 1.0m；开挖与支撑交替进行，每次交替的深度宜为 0.4～0.8m。

5) 横梁、纵梁和横撑的安装应符合下列规定：横梁应水平，纵梁应垂直，且与撑板密贴，连接牢固；横撑应水平，与横梁或纵梁垂直，且支紧、牢固；采用横排撑板支撑，遇有柔性管道横穿沟槽时，管道下面的撑板上缘应紧贴管道安装；管道上面的撑板下缘距管道顶面不宜小于 100mm；承托翻土板的横撑必须加固，翻土板的铺设应平整，与横撑的连接应牢固。

(2) 采用钢板桩支撑。构件的规格尺寸经计算确定；通过计算确定钢板桩的入土深度和横撑的位置与断面；采用型钢作横梁时，横梁与钢板桩之间缝，应采用木板垫实，横梁、横撑与钢板桩连接牢固。

(3) 沟槽支撑。支撑应经常检查，发现支撑构件有弯曲、松动、移位或劈裂迹象时，应及时处理；雨期及春季解冻时期应加强检查；拆除支撑前，应对沟槽两侧的建筑物、构筑物和槽壁进行安全检查，并应制定拆除支撑的作业要求和安全措施；施工人员应由安全梯上下沟槽，不得攀登支撑。

　　(4)拆除撑板。支撑的拆除应与回填土的填筑高度配合进行，且在拆除后应及时回填；对于设置排水沟的沟槽，应从两座相邻排水井的分水线向两端延伸拆除；对于多层支撑沟槽，应待下层回填完成后再拆除其上层槽的支撑；拆除单层密排撑板支撑时，应先回填至下层横撑底面，再拆除下层横撑，待回填至半槽以上，再拆除上层横撑；一次拆除有危险时，宜采取替换拆撑法拆除支撑。

　　(5)拆除钢板桩。当回填土达到规定要求高度后，方可拔除钢板桩；钢板桩拔除后应及时回填桩孔；回填桩孔时应采取措施填实；采用砂灌回填时，非湿陷性黄土区可冲水助沉；有地面沉降控制要求时，宜采取边拔桩边注浆等措施。

　　(6)铺设柔性管道的沟槽，支撑的拆除应按设计要求进行。

　　5. 支撑计算

　　根据现场已有支撑构件的尺寸和规格，对支撑构件进行计算，以调整支撑立柱和横撑之间的距离，并确定支撑形式及撑板、立柱、撑杠的尺寸。

　　(1)撑板计算。撑板也叫挡土板，分木制和金属制两种。木撑板不应有裂纹等缺陷；金属板是由钢板焊接在槽钢上拼成，每块金属板的长度分为 2m、4m、6m 几种类型。撑板计算取撑板承受力最大的一块来计算，可视撑板为一简支梁。设立柱或横木的间距为 L，撑板的宽度为 b，厚度为 d，所承受的最大荷载为 $P(kN)$，均布荷载为 $q=P/d(kN/m)$。

　　撑板的最大弯矩：

$$M_{\max}=\frac{pL}{8d} \tag{3.15}$$

　　撑板的抵抗矩：

$$W=\frac{bd^2}{6} \tag{3.16}$$

　　撑板的最大弯矩应力：

$$\sigma=\frac{M_{\max}}{W}=\frac{3pL}{4d^3}\leqslant[\sigma_w] \tag{3.17}$$

式中　$[\sigma_w]$——材料的允许弯曲应力。

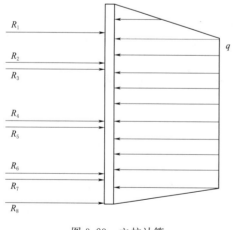

图 3.23　立柱计算

$R_1\sim R_8$—撑杠反力；q—侧土压力

　　(2)立柱计算。立柱多采用槽钢，其所受的荷载 P 等于撑板所传递的侧土压力，支点的撑杠反力 R，如图 3.23 所示。计算时，可将各跨度之间的荷载简化为均匀荷载的侧土压力 q，相当于假设在支座（横撑）处为简支梁，求其最大弯矩，校核最大弯曲应力。

　　(3)撑杠计算。撑杠为承受支柱或横木支点反力的压杆，由撑头和圆套管组成，如图 3.24 所示。撑头为一丝杠，以球铰连接于撑头板，带柄螺母套于丝杠。应用时，将撑头丝杠插入圆套管内，旋转带柄螺母，使撑头板紧压立柱。撑杠计算主要是计算其纵向弯曲压力，将抗压强度乘以轴心受压构件稳定系数 ϕ 即可。

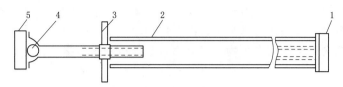

图 3.24　工具式撑杠

1—撑头板；2—圆套管；3—带柄螺母；4—球铰；5—撑头板

施工现场常采用的支撑构件尺寸见表 3.11；支撑构件的间距及适用范围见表 3.12。

表 3.11　　　　　　　　　　　　常用的支撑构件尺寸

名　　称	尺　　寸
木撑板	长/m　　2~6 宽/cm　20~30 厚/cm　5
横木截面	10cm×15cm~20cm×20cm（视槽宽而定）
立柱截面	10cm×10cm~20cm×20cm（视槽深而定）

表 3.12　　　　　　　　　　　支撑构件的间距及适用范围

名　　称	间　　距/m	槽　　深/m
立柱	1.5	≤4
断续式横撑	1.2	4~6
连续式横撑	1.5	
立柱	1.2~1.5	6~10
撑杠（垂直）	1.0~1.2	

6. 支撑施工

挖槽挖到一定深度或到地下水位以下时，开始架设支撑，然后逐层开挖，逐层架设。

（1）支撑架设。

1）支撑架设程序。架设撑板并要求紧贴槽壁；安设立柱（或横木）和撑杠，必须横平竖直，架设牢固。

2）竖撑支设过程。将撑板密排立贴在槽壁，再将横木在撑板上下两端支设并加撑杠固定。随着挖土，若撑板底端高于槽底，再逐块将撑板捶打到槽底。根据土质，每次挖深 50~60cm，将撑板下锤一次。撑板锤至槽底排水沟底为止。下锤撑板每到 1.2~1.5m，再加撑杠一道。

（2）木板支撑。以木板作为主要支撑材料，由横撑、垂直或水平垫板，水平或垂直撑板等组成，属应用较早的支撑方法。由于施工时不需任何机械设备，因而应用较广，施工操作也较为简便。

横撑是支撑架中的撑杆，长度和沟槽宽度有关，在条件许可的情况下，可用直径大于 10cm 的圆木或横截面 15cm×15cm 的方木锯成和沟宽相应的长度。在两端下方垫托木，并用铁扒钉固定好。

垫板是横撑和撑板之间的传力构件，按安置方法的不同，分水平垫板和垂直垫板。水平垫板与垂直撑板、垂直垫板与水平撑板配套使用。

撑板是直接同沟壁接触的支撑物，可分为水平撑板和垂直撑板。作为水平撑板，为了敷管时临时拆除的需要，它的长度应大于5m，采用木料时的板厚为5cm；垂直横撑比沟槽的深度略长，所用材料类别及尺寸同水平撑板。作为木质企口板桩时，板厚6.5～7.5cm，不应有裂纹等缺陷。

（3）工字钢柱支撑。该支撑方法充分利用工字钢的构造及力学特性，用工字钢作为立柱，中间夹放木板作为挡土板的一种钢木混合结构。

在沟槽开挖前，可先用螺旋钻孔机向下钻孔，通过钻杆转动钻头，螺旋钻头削土，被切土块随钻头旋转，沿着螺旋叶片上升推出孔外，然后将工字钢打入地下，作为支撑立柱。该方法适用于一般均质黏性土，成孔直径为300～400mm，成孔深度7～8m，成孔后将工字钢垂直放入即可。

也可用打桩机将工字钢直接打入地下，打桩机可用落锤、汽锤或振动沉桩锤。还可根据打入工字钢长度换用桩架。该方法常用于多种土壤及有地下水的施工场所。

（4）板桩支撑。板桩是一种常用的支护结构，可用来抵抗土和水所产生的水平压力。当开挖的基坑较深，地下水位较高又有可能出现流沙现象时，可将板桩打入土中，使地下水在土中渗流的路线延长，降低水力坡度，阻止地下水渗入基坑内，从而防止流砂产生。钢板桩是应用最为广泛的一种支护结构，在临时工程中还可多次重复使用。

钢板桩由带锁口或钳口的热轧型钢制成，把这种钢板桩互相连接就形成钢板桩墙，可用于挡土和挡水，常用的钢板桩有平板桩与波浪形板桩两类。根据有无设置锚碇结构，分为无锚碇板桩和有锚碇板桩两类。

无锚碇板桩即为悬壁式板桩。这种板桩对于土的性质、荷载大小等非常敏感，其高度一般不大于4m，仅适用较浅的基坑土壁支护。有锚碇板桩是在板桩上部用拉锚装置加以固定，以提高板桩的支护能力。单锚板桩是常用的有锚碇板桩的一种支护形式，钢板桩顶端通过横梁（槽钢）、钢拉杆、螺母固定在锚碇桩上，如图3.25所示。

板桩施工时要正确选择打桩方法、打桩机械和流水段划分，以便使打桩后的板桩墙有足够的刚度和良好的挡水作用。钢板桩的打设，可采用如下方法：

1）单独打入法。单独打入法是从板桩墙一角开始逐根打入，直至打桩工程结束。适用于对板桩墙要求不高，且长度小于10m的施工场所。优点：桩打设时不需要辅助支架，施工简便，打设速度快；缺点：易使桩的一侧倾斜，误差积累后不容易纠正。

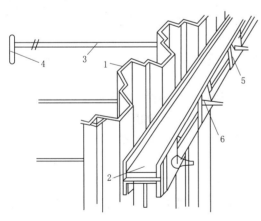

图3.25 单锚板桩

1—钢板桩；2—横梁；3—钢拉杆；4—锚碇板桩；

5—垫板；6—螺杆

2）围檩插桩法。围檩插桩法是先沿板桩边线搭设双层围檩支架，然后将板桩依次在双层围檩中全部插好，形成一个高大的板桩墙（图3.26）。待四角封闭合拢后，再按阶梯形逐渐将板桩一块块打至设计标高。该打法可保证平面尺寸的准确和板桩的垂直度，但施工速度慢。

（5）土层锚杆。土层锚杆施工，作为基坑支护用的锚杆，是在做完基坑围护结构的钢筋混凝土桩、灌注桩或地下连续墙以后，配合基坑开挖进程，当挖到锚杆设计深度时，向土层内部进行锚杆施工。锚杆施工的程序是在土层中成孔、插入锚杆、灌浆、张拉锚固。

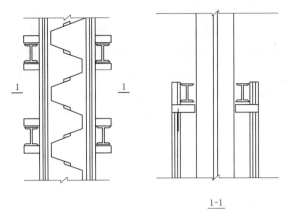

图3.26 围檩插桩法

1）成孔。为了确保从开钻起到灌浆完成全过程，保持成孔形状，不发生塌孔事故，应根据地质条件、设计要求、现场情况等，选择合适的成孔方法和相应的钻孔机具。

成孔机械有如下三大类：

a. 冲击式钻机：靠气动冲凿成孔，适用于砂卵石、砾石地层。

b. 旋转式钻机：靠钻具旋转切削钻进成孔。有地下水时，可用泥浆护壁或加套管成孔；无地下水则可用螺旋钻杆直接排土成孔。旋转式钻机可用于各种地层，是用得较多的钻机，但钻进速度较慢。

c. 旋转冲击式钻机：兼有旋转切削和冲击粉碎的优点，效率高，速度快，配上各种钻具套管等装置，适用于各种硬软土层。针对不同的土层，可选用翼型、十字型、管型、螺旋型或牙轮钻头。为加强锚杆的承载力，在成孔的锚固段应进行局部扩孔，办法有机械扩孔、射水扩孔和爆炸扩孔。

2）插入锚杆。锚杆是土层锚杆受拉力的关键部件。采用强度高、延伸率大、疲劳强度高、稳定性好的材料，如高强钢丝、钢绞线、螺纹钢筋或厚壁无缝钢管。为防止土壤对锚杆的腐蚀作用，锚杆应进行防腐处理，或用抗腐蚀的特殊钢制作锚杆。

3）灌浆。灌浆杆插到孔内预定位置后，即可灌浆。灌浆是使锚杆和浆液、浆液和土层紧密结合成一体，从而抗拒拉力的最重要工序。灌浆方法如下：

a. 普通灌浆：将灌浆管插到孔底，用压力把浆液自孔底向外挤出，直至灌满锚固段为止。

b. 加压灌浆：在锚固段和非锚固段之间加设止浆塞，然后以一定的压力向锚固段灌注浆液，并使浆液受压凝固。

c. 重复灌浆：用一种特殊的双层套管附着在锚杆上，进行多次重复灌浆。

d. 内胎加压灌浆：成孔后插入灌浆管及内胎，然后从孔底向外灌浆，使孔壁和内胎间充满浆液。在初凝前，向内胎注水加压，浆液被迫向孔壁四周排挤密实，稳压至浆液完全凝固为止。然后将内胎的水排放，抽出内胎，再插入锚杆二次灌浆。浆液根据不同的土层设计选用。目前用得最多的是水泥浆（水灰比为0.4～0.5）和水泥砂浆（灰砂比为

1：1～1：0.5）。此外，还有凝胶浆、树脂浆等。

（6）张拉锚固。待土层内锚固段的浆液达到要求强度后，锚杆即可张拉锚固。事前，每个现场选两根或总根数的2%进行抗拉拔试验，确定对锚杆施加张拉力的数值。锚杆的张拉锚固和后张法预应力钢筋混凝土的张拉类似，其设备主要是千斤顶。锚具采用抗拉拔试验合格的螺帽或楔形锚具。锚固后对土层内锚杆的非锚固段进行二次灌浆。

7. 支撑拆除

（1）根据工程实际情况制定拆撑具体方法、步骤及安全措施等实施细则，并进行技术交底，以确保施工顺利进行。

（2）沟槽内工作全部完成后，才可将支撑拆除。拆撑与沟槽回填同时进行，边填边拆支撑时必须注意安全，继续排除地下水，避免材料损耗。遇撑板和立木较长时，可在还土或倒撑后拆除。

（3）拆撑前仔细检查沟槽两侧的建筑物、电杆及其他外露管道是否安全，必要时进行加固。

（4）采用排水井排除沟槽内的水，从两座排水井的分水岭向两端延伸拆除。

（5）多层支撑的沟槽，应按自下而上的顺序逐层拆除，等下层槽拆撑还土完成后，再拆除其上层槽的支撑。

（6）多层撑板支撑和板桩的拆除时，宜先填土夯实至下层横撑底面，再将下层横撑拆除，而后回填至半槽后再拆除上层横撑和撑板，最后用倒链或吊车将撑板或板桩间隔拔出，遗留孔洞及时用砂灌实。

8. 支撑质量验收标准

（1）主控项目。

1）支撑方式、支撑材料应符合设计要求。检查方法：观察、检查施工方案。

2）支护结构强度、刚度、稳定性应符合设计要求。检查方法：观察、检查施工方案、施工记录。

（2）一般项目。

1）横撑不得妨碍下管和稳管。检查方法：观察。

2）支撑构件安装应牢固、安全可靠，位置正确。检查方法：观察。

3）支撑后，沟槽中心线每侧的净宽不应小于施工方案设计要求。检查方法：观察，用钢尺量测。

4）钢板桩的轴线位移不得大于50mm；垂直度不得大于1.5%。检查方法：观察，用小线、垂球量测。

3.2.9　沟槽回填

排水管道施工检验合格完毕后，应及时进行土方回填，以保证管道的位置正确，避免沟槽坍塌和管道生锈，尽早恢复地面交通。

回填前，应制定回填操作规程，如根据管道特点和回填密实度要求，确定回填土的土质、含水量，回填土铺设厚度，压实后厚度，夯实工具、夯击次数及夯击方式等。

回填施工一般包括还土、摊平、夯实、检查四道工序。

1. 还土

一般采用沟槽原土，土中不应含有粒径大于 30mm 的砖块，粒径较小的石子含量不应超过 10%。回填土土质应保证回填密实度，不能用淤泥土、液化状粉砂、砂土、黏土等回填。当原土为上述土时，应换土回填。

回填土应具有最佳含水量，含水量高时可采用晾晒，或加白灰掺拌使其达到最佳含水量；低含水量时则应洒水。当采取各种措施降低或提高含水量的费用比换土费用高时，则应换土回填。有时，在市区繁华地段、交通要道、交通枢纽处回填，或为了保证附近建筑物安全，或为了当年修路，可将道路结构以下部分换用砂石、矿渣等回填。

还土不应带水进行，沟槽应继续降水，防止出现沟槽坍塌和管道漂浮事故。

采用明沟排水时，还土应从两相邻集水井的分水岭处开始向集水井延伸。雨期施工时，必须及时回填。

还土可采用人工还土或机械还土，一般管顶 500mm 以下采用人工还土，管顶 500mm 以上采用机械还土。

沟槽回填，应在管座混凝土强度达到 5MPa 后进行。回填时，两侧胸腔应同时分层还土摊平，夯实也应同时以同一速度进行。管道上方土的回填，从纵断面上看，在厚土层与薄土层之间，已夯实土与未夯实土之间，在厚土层与薄土层之间，夯实土与未夯实土之间，均应有一较长过渡地段，以免管子受压不匀发生开裂。相邻两层回填土的分段位置应错开。

2. 摊平

每还土一层，都要采用人工将土摊平，每一层都要接近水平。每层土的虚铺厚度应根据压实机具和要求的密实度确定，一般可参照表 3.13 确定。

表 3.13 每层回填土虚铺厚度

压实机具	虚铺厚度/mm	压实机具	虚铺厚度/mm
木夯、铁夯	≤200	压路机	200~300
轻型压实设备	250~300	振动压路机	≤400

3. 夯实

沟槽回填夯实是利用夯锤下落的冲击力来夯实土壤。通常有人工夯实和机械夯实两种方法。管顶 500mm 以下和胸腔两侧必须采用人工夯实；管顶 500mm 以上可采用机械夯实。

人工夯实主要采用木夯、石夯进行，用于回填土密实度要求不高处。

机械夯实的机具类型较多，常采用蛙式打夯机、内燃打夯机、履带式打夯机以及压路机等。

(1) 蛙式打夯机。由夯头架、拖盘、电动机和传动减速机构组成，如图 3.27 所示。蛙式打夯机构造简单、轻便，施工中广泛使用。

夯土时电动机经皮带轮二级减速，使偏心块转动，摇杆绕拖盘上的连接铰转动，使拖盘上下起落。夯头架也产生惯性力，使夯板做上下运动，夯实土方。同时蛙式打夯机利用惯性作用自动向前移动。一般而言，采用功率 2.8kW 的蛙式打夯机，在最佳含水率条件下，虚铺厚度 200mm，夯击 3~4 遍，回填土密实度便可达到 95% 左右。

（2）履带式打夯机。履带式打夯机如图 3.28 所示，可利用挖土机或履带式起重机改装而成。

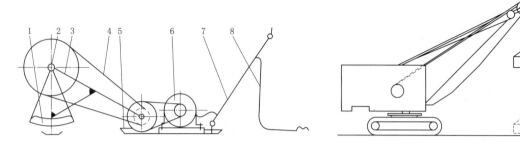

图 3.27 蛙式打夯机构造示意
1—偏心块；2—前轴装置；3—夯头架；4—传动装置；
5—拖盘；6—电动机；7—操纵手柄；8—电器控制设备

图 3.28 履带式打夯机

打夯机的锤形有梨形、方形，锤重 1～4t，夯击土层厚度可达 1～1.5m，适用于沟槽上部夯实或大面积回填土方夯实。

4. 检查

（1）主控项目。

1）回填材料应符合设计要求：

a. 检查方法：观察，按国家有关规范的规定和设计要求进行检查，检查检测报告。

b. 检查数量：条件相同的回填材料，每铺筑 $10000m^2$，应取样一次，每次取样至少应做两组测试；回填材料条件变化或来源变化时，应分别取样检测。

2）沟槽不得带水回填，回填应密实。

检查方法：观察，检查施工记录。

3）柔性管道的变形率不得超过设计要求，管壁不得出现纵向隆起、环向扁平和其他变形情况。

检查方法：观察，方便时用钢尺直接量测，不方便时用圆度测试板或芯轴仪在管内拖拉量测管道变形率；检查记录，检查技术处理资料。

检查数量：试验段（或初始 50m）不少于 3 处，每 100m 正常作业段（取起点、中间点、终点近处各一点），每处平行测量 3 个断面，取其平均值。

4）回填土压实度应符合设计要求，设计无要求时，应符合表 3.14、表 3.15 的规定。柔性管道沟槽回填土压实度如图 3.29 所示。

（2）一般项目。

1）回填应达到设计高程，表面应平整。检查方法：观察，有疑问处用水准仪测量。

2）回填时管道及附属构筑物无损伤、沉降、位移。检查方法：观察，有疑问处用水准仪测量。

5. 回填施工注意事项

（1）雨期回填应先测定土壤含水量，排除槽内积水，还土时应避免造成地面水流向槽内的通道。

表 3.14 刚性管道沟槽回填土压实度

序号	项目			最低压实度/%		检查数量		检查方法
				重型击实标准	轻型击实标准	范围	点数	
1	石灰土类垫层			93	95	每 100m		用环刀法检查或采用现行国家标准《土工试验方法标准》(GB/T 50123—2019) 中其他方法
2	沟槽在路基范围外	胸腔部分	管侧	87	90		每层每侧一组(每组3点)	
			管顶以上 500mm	87±2(轻型)				
			其余部分	≥90(轻型)或按设计要求				
		农田或绿地范围表层 500mm 范围内		不宜压实,预留沉降量,表面整平				
3	沟槽在路基范围内	胸腔部分	管侧	87	90	两井之间或每1000m²	每层每侧一组(每组3点)	
			管顶以上 250mm	87±2(轻型)				
		由路槽底算起的深度范围/mm	≤800	快速路及主干路 95	98			
				次干路 93	95			
				支路 90	92			
			>800~1500	快速路及主干路 93	95			
				次干路 90	92			
				支路 87	90			
			>1500	快速路及主干路 87	90			
				次干路 87	90			
				支路 87	90			

注 表中重型击实标准的压实度和轻型击实标准的压实度,分别以相应的标准击实试验法求得的最大干密度为 100%。

表 3.15 柔性管道沟槽回填土压实度

槽内部位		压实度/%	回填材料	检查数量		检查方法
				范围	点数	
管道基础	管底基础	≥90	中、粗砂	—	—	用环刀法检查或采用现行国家标准《土工试验方法标准》(GB/T 50123—2019) 中其他方法
	管道有效支撑角范围	≥95		每 100m		
	管道两侧	≥95	中、粗砂,碎石屑,最大粒径小于 40mm 的砂砾或符合要求的原土	两井之间或每 1000m²	每层每侧一组(每组3点)	
管顶以上 500mm	管道两侧	≥90				
	管道上部	85±2				
管顶 500~1000mm		≥90	原土回填			

注 回填土的压实度,除设计要求用重型击实标准外,其他皆以轻型击实标准试验获得最大干密度为 100%。

(2) 冬期回填应尽量缩短施工段,分层薄填,迅速夯实,铺土须当天完成。管道上方计划修筑路面时不得回填冻土;上方无修筑路面计划时,两侧及管顶以上 500mm 范围内不得回填冻土,其上部回填冻土含量也不能超过填方总体积的 30%,且冻土颗粒尺寸不得大于 15cm。

(3) 有支撑的沟槽,拆撑时要注意检查沟槽及邻近建筑物、构筑物的安全。

(4) 回填时沟槽降水应继续进行,只有当回填土达到原地下水位以上时方可停止。

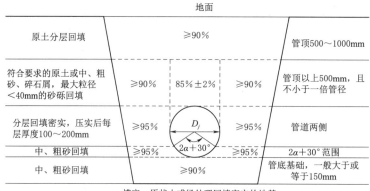

图 3.29 柔性管道沟槽回填部位与压实度示意图

（5）回填土时不得将土直接砸在抹带接口及防腐绝缘层上。

（6）塑料管道回填的时间宜在一昼夜中温度最低的时刻，且回填土中不应含有砾石、冻土块及其他杂硬物体。

（7）燃气管道、电力电缆、通信电缆回填后，应设置明显的标志。

（8）为了缓解热力管道的热胀作用，回填前应在管道弯曲部位的外侧设置硬泡沫垫块；回填时先用砂子填至管顶以上 100mm 处，然后再用原土回填。

（9）回填应使槽上土面略呈拱形，以免日久因土沉陷而造成地面下凹。拱高一般为槽宽的 1/20，常取 150mm。

3.3 管 道 铺 设 与 安 装

排水管道的沟槽开挖完毕，经验收符合要求后，按照设计要求进行管道的基础施工。混凝土基础的施工包括支模、浇筑混凝土、养护等工序。基础施工完毕并经验收合格后，着手进行管道的铺设与安装工作。管道铺设与安装包括沟槽与管材检查、排管、下管、稳管、接口、质量检查与验收等工序。

3.3.1 沟槽与管材检查

1. 沟槽开挖质量检查

下管前，应按设计要求对开挖好的沟槽进行复测，检查其开挖深度、断面尺寸、边坡、平面位置和槽底标高等是否符合设计要求；槽底土壤有无扰动；槽底有无软泥及杂物；设置管道基础的沟槽，应检查基础的宽度、顶面标高及两侧工作宽度是否符合设计要求，基础混凝土是否达到规定的设计抗压强度等。

此外，还应检查沟槽的边坡或支撑的稳定性。槽壁不得出现裂缝，有裂缝隐患处要及时采取加固措施，并在施工中注意观察，严防出现沟槽坍塌事故。如沟槽支撑影响管道施工，应进行倒撑，并保证倒撑的质量。槽底排水沟要保持畅通，尺寸及坡度要符合施工要求，必要时可用木板撑牢，以免发生塌方，影响降水。

2. 管材质量检查

下管前，除对沟槽进行质量检查外，还必须对管材、管件进行质量检查，保证下入到沟槽内的管道和管件的质量符合设计要求，确保不合格或已经损坏的管道和管件不下入沟槽。

在给排水管道工程施工中，管道和管件的质量直接影响到工程的质量。因此，必须做好管道和管件的质量检查工作，检查的内容主要如下：

（1）管道和管件必须有出厂质量合格证，其指标应符合国家或部委颁发的技术标准要求。

（2）应按设计要求认真核对管道和管件的规格、型号、材质和压力等级。

（3）应进行外观质量检查。

铸铁管及管件内外表面应平整、光洁，不得有裂纹、凹凸不平等缺陷。承插口部分不得有黏砂及凸起，其他部分不得有大于 2mm 厚的黏砂和 5mm 高的凸起。承插口配合的环向间隙应满足接口嵌缝的需要。

塑料管道内外壁应光滑、清洁、无划伤等缺陷；不允许有气泡、裂口、明显凹陷、颜色不均、分解变色等现象；管端应平整并与轴线垂直。

普通钢筋混凝土管、自（预）应力钢筋混凝土管的内外表面应无裂纹、露筋、残缺、蜂窝、空鼓、剥落、浮渣、露石碰伤等缺陷。

（4）金属管道应用小锤轻轻敲打管口和管身进行破裂检查。非金属管道通过观察进行破裂检查。

3. 管材修补

对管材本身存在的不影响管道工程质量的微小缺陷，应在保证工程质量的前提下进行修补使用，以降低工程成本。内衬水泥砂浆防腐层如有缺陷或损坏，应按产品说明书的要求进行修补、养护。

钢管防腐层质量不符合要求时，应用相同的防腐材料进行修补。

钢筋混凝土管的缺陷部位，可用环氧腻子或环氧树脂砂浆进行修补。修补时，先将修补部位凿毛，清洗晾干后刷一薄层底胶，而后抹环氧腻子（或环氧树脂砂浆），并用抹子压实抹光。

3.3.2 排管

排水管道排管时，对承插接口的管道，承口迎着水流方向排列，并满足接口环向间隙和对口间隙的要求。不管何种管口的排水管道，排管时均应扣除沿线检查井等构筑物所占的长度，以确定管道的实际用量。

当施工现场条件不允许排管时，亦可以集中堆放。但管道铺设安装时需在槽内运管，施工不便。

3.3.3 下管

把管子从地面放到挖好的并已做基础的沟槽内叫作下管。

下管是在沟槽和管道基础工程验收合格后方可实施，下管前应对管材进行检查与修补，核对管节、管件无误后，方可下管。管子经过检验、修补后，在下管前应先在槽上排列成行，称为排管。

1. 下管前准备

(1) 管道的检查。

1) 钢管。

a. 钢管应有制造厂的合格证书，并有按国家标准检验的项目和结果的证明。管道的型号、直径、壁厚等应符合设计规定要求。

b. 钢管应无明显锈蚀，无裂缝、脱皮等缺陷。

c. 清除管内尘垢及其杂物，并将管口边缘的里外管壁擦抹干净。

d. 检查管内喷砂层厚度及有无裂缝、空鼓等现象，校正因碰撞而变形的管端，以使连接管口之间相吻合。

e. 对钢制管件，如弯头、异径管、三通、法兰盘等须进行检查，其尺寸偏差应符合部颁标准。

f. 石棉橡胶、橡胶、塑料等非金属垫片均应质地柔韧，无老化变质，表面不应有折损、皱纹等缺陷。

g. 检查绝缘防腐层内各层间有无气孔、裂纹和杂物，防腐层厚度可用钢针刺入检查，凡不符合质量要求和在检查中有损坏的部位，应用相同的防腐材料进行修补。

2) 铸铁管。

a. 检查铸铁管材、管件有无纵向、横向裂纹，严重的重皮脱层、夹砂及穿孔等缺陷，可用小锤轻轻敲打管口、管身，破裂处会发出嘶哑声，凡有破裂的管材不得使用。

b. 对承口的内部，插口外部的沥青可用气焊、喷灯烤掉，对飞刺和铸砂可用砂轮磨掉，或用錾子剔除。

c. 承插口配合的环向间隙，应满足接口填料和打口的需要。

d. 防腐层应完好无损，管内壁水泥砂浆无裂纹和脱落现象，缺陷处应及时修补。

e. 检查管件、附件所用法兰盘、螺栓、垫片等材料，其规格应符合有关规定。

(2) 沟槽的检查。

1) 槽底是否有杂物。有杂物应清理干净，槽底如遇棺木、粪污等不洁之物，应清除干净并对地基进行处理，必要时须消毒。

2) 槽底宽度及高程。应保证管道结构每侧的工作面宽度，槽底高程要经过检验，不合格时应进行修整或按规定进行处理。

3) 槽帮是否有裂缝。如有裂缝或有可能坍塌危险的部位，用摘除或支撑加固等方法进行处理。

4) 槽边堆土高度。下管的一侧堆土过高、过陡者，应根据下管需要进行整理，并须符合安全要求。

5) 地基、管基。如被扰动时，应进行处理；冬季施工管道不得铺设在冻土层上。

(3) 铺设方向。管子下沟时，一般以逆流方向铺设，当承插口连接时，有如下规定：

1) 承口应朝向介质源的来向。

2) 在坡度较大的斜坡区域，承口应朝上，以利于连接。

3) 承口方向，尽量与管道铺设方向一致。

（4）管道运输。管道运输应尽量在沟槽挖成以后进行。对质脆易裂的铸铁管在运输、吊装与卸载时，应严防碰撞，更不能使管道以高空坠落于地面，以防铸铁管发生破裂。钢管在运输时，应根据钢管的不同特点选用不同的运输方式。当气温等于或低于可搬运最低环境温度时，不得运输或搬运。对于煤焦油磁漆覆盖层较厚的钢管，由于它易被碰伤，因此应使用较宽的尼龙吊装带。

如用卡车运输，管道放在表面为弧形的宽木支架上，紧固管道的钢丝绳等应衬垫好；运输过程中，应保证管道不能互相碰撞。铁路运输时，所有管道应小心地装在垫好的管托或垫木上，所有的支承表面及装运栏栅应垫好，管节间要隔开，使它们相互不碰撞。塑料管在运输和下管时，要采取必要的措施，以防被划伤。

管道运输完成后，应将管道布置在管沟堆土的另一侧，管沟边缘与管外壁间的安全距离不得小于500mm。布管时，应注意首尾衔接。在街道布管时，尽量靠一侧布管，不要影响交通，避免车辆等损伤管道，并尽量缩短管道在道路上的放置时间。严禁先布管后挖沟，将土、砖头、石块等压在管道上，损坏防腐层与管道，使管内进土等。

2. 下管方法

一般下管分为人工下管和机械下管两种。

当管径较小时，管道相对较轻，如陶土管、塑料管，管径在400mm以下的铸铁管，管径600mm以下的钢筋混凝土管，可采用人工下管；对于大口径管道，特别是钢筋混凝土管、铸铁管、钢管，可根据机械设备的不同，进行机械下管。通常在缺乏吊装设备和现场条件不允许机械下管时，才可采用人工下管。

按照下入槽内管道的位置，分为分散下管和集中下管。下管时一般沿着沟槽，把管道下入槽内，若管槽位于铺管的位置，这样减少了管道在槽内的搬动，称为分散下管；若沟槽旁场地狭窄，两侧堆土或者沟槽内设有支撑，分散下管不方便时，也可选择适宜的基础集中下管，再在槽内把管道分散就位，这种方法称为集中下管。

在下管时，可根据管道的长度、场地条件及机械设备等情况来确定，可选用单节下管和长串下管，一般焊接钢管选用长串下管，铸铁管和非金属管材一般采用单节下管。

3. 人工下管

（1）立管溜管法。立管溜管法是在沟槽边坡处放置溜板或不设置溜板，利用大绳及绳钩，由管内勾住管节下端，人拉紧大绳的一端，管子立向顺槽边溜下的下管方法，如图3.30所示。此法主要适用于混凝土管、钢筋混凝土管的下管。直径为D150～D200mm的混凝土管可用绳钩住管端直接顺槽边吊下。直径为D400～D600mm的混凝土管及钢筋混凝土管，可用绳钩钩住管端，沿靠于槽帮的杉木溜下。为保护管道不受磕碰，在杉木底部垫麻袋、草袋、砂土等。

（2）贯绳法。贯绳法适用于管径小于300mm以下的混凝土管、缸瓦管。用一端带有铁钩的绳子钩住管子一端，绳子另一端由人工徐徐放松，直至将管子放入槽底。

（3）压绳下管法。压绳下管法是在槽底横放两根滚木，将管道推至槽边，然后用两根大绳分别穿过管底，下管时将大绳下到半段时，用脚踩住，上半段用手向下放，前面用撬棍拨住，以便控制下管速度，再用撬棍拨住管道，慢慢地将管道下入槽内，然后放在滚木上，撤掉大绳。压绳下管法适用于管径在400～600mm之间的管道，如图3.31所示。

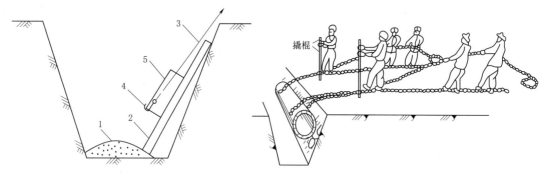

图 3.30　立管溜管法　　　　　　　　　　图 3.31　压绳下管法
1—草袋；2—杉木溜子；3—大绳；4—绳钩；5—管子

（4）竖管压绳下管法。竖管压绳下管法，也称作立管压绳下管法，应用较为广泛，适用于较大管径管道的人工下管，如大于 900mm 的钢筋混凝土管等，可采用此方法，如图 3.32 所示。此方法是将绳子端固定栓在管柱上，另一端绕过管子也栓在管柱上，利用绳子间的摩擦力控制下管速度，同时也可在下管处槽部开挖下管马道。其坡度应不陡于 1∶1，宽度应为管长加 50mm，管子沿马道慢慢下到沟槽内。下管时，管前、两侧及槽下均不得有人，下管时槽底及马道口处应垫草袋，以减小冲撞；当管径较大时，也可设置两个立管作管柱，使操作更安全、稳妥。事先在距沟边一定距离处直立埋下半截（不小于 1.0m 深）混凝土管，管中用土填实，管柱一般选用所要安装的钢筋混凝土管，外围填土夯实即可。

（5）吊链下管法。吊链下管法就是先在下管位置的沟槽上搭设吊链架或平台，吊链通过架的滑轮下管。用型钢、方木、圆木横跨沟槽上搭设平台。平台必须具有承受管道重量及下管工作时的承载能力。下管时应先将管子摊至平台上，用木楔将管子楔紧，严防管子移动，工作平台下严禁站人。用吊链将管道吊起，随后撤出方木，管子即可徐徐下到槽底。该方法也可用于长串下管法。其优点是省力，操作容易，但工作效率低，多用于下较大的闸门、三通等管件。吊链下管法如图 3.33 所示。

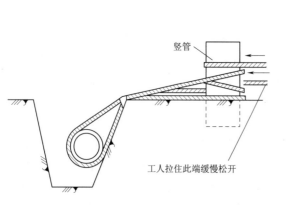

图 3.32　竖管压绳下管法

图 3.33　吊链下管法

（6）塔架下管法。先在沟槽上口铺设横跨沟槽的方木，然后将管节滚至方木上，利用塔架上的吊链将管节吊起，再撤去架设的方木，操作葫芦或卷扬机使管节徐徐下至沟槽底。为防止下管过猛，撞坏管节或平基，可在平基上先铺层草垫子，再顺铺两块撑板。该方法适用于较大管径的集中下管。

使用该方法下管时，塔架各承脚应用木板支设牢固，对于较高的塔架，应有晃绳。塔架承脚劈开程度较大时，塔架底脚应有绊绳。下管用的大绳应质地坚固、不断股、不糟朽、无夹心，其直径选择可参照表 3.16。

表 3.16　　　　　　　　　　下管用大绳截面直径　　　　　　　　　　单位：mm

管　道　直　径			大绳截面直径
铸铁管	预应力钢筋混凝土管	钢筋混凝土管	
≤300	≤200	≤400	20
350～500	300	500～700	25
600～800	400～500	800～1000	30
900～1000	600	1100～1250	38
1100～1200	800	1350～1500	14
		1600～1800	50

4. 机械下管

通过起重设备对管道进行下管的方法称为机械下管。机械下管适用于管径大、沟槽深、工程量大且便于机械操作的地段。机械下管施工速度快、施工安全，并且可以减轻工人的劳动强度，提高生产效率。因此，只要施工现场条件允许，就尽量采用机械下管法。机械下管法如图 3.34 所示。

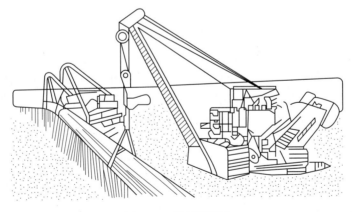

图 3.34　机械下管法

机械下管时，机械沿沟槽移动，土方开挖最好单侧堆土，另一侧作为下管机械的工作面。若必须双侧堆土时，其一侧的土方与沟槽之间的距离应满足机械行走的需要，该距离还要保证沟槽不致塌方的距离，若采用集中下管，也可以在堆土时每隔一定距离预留设备豁口，起重机在豁口处进行下管操作。

机械下管时的注意事项如下：

（1）采用起重机械下管时，应事先与起重人员或司机一起勘察现场，根据沟槽及起重设备情况，确定起重设备进出路线、停放位置、管材存放地点等相关事宜。若沟槽两侧堆土时，应注意其中一侧堆土与槽边需留有足够的距离，以便起重机运行。为了防止槽壁坍塌，起重机距沟边至少要预留 1.0m，应事先对施工场地进行平整、清理。

（2）起重机在架空输电线路下进行工作，若施工场地有架空线路时应尽量避开，如无法避开的话，需在架空线路一侧工作，并按有关规定预留安全距离。

（3）在下管施工时，起重机应有专人指挥，指挥人员必须熟悉机械吊装有关安全操作规程及指挥信号。在进行吊装之前，指挥人员必须检查操作环境情况，在吊装过程中，指挥人员应集中精力，确认安全后，方可向司机及槽下工作人员发出信号，司机及槽下工作人员必须听从指挥。

（4）绑（套）管道应找好重心，以便起吊平稳，要保证管道起吊速度均匀、回转平稳，下落低速轻放，不得忽快忽慢或突然制动。

3.3.4　稳管

稳管即是将管道按设计的高程和平面位置稳定在地基或基础上，排水管道的高程和平面位置应严格符合设计要求，一般由下游向上游进行稳管。稳管时，控制管道的轴线位置和高程是十分重要的，也是检查验收的主要项目。稳管包括管道轴线控制和高程控制两个环节。

1. 稳管的要求

管道应延管沟中心线稳贴地安放，管底部不得有悬空现象，以防管道承受附加应力。稳管时，控制管道的轴线位置和高程是十分重要的，也是检查验收的主要项目。其中排水管道的敷设位置应严格符合设计要求，中心线允许偏差 10mm，管底高程允许偏差 $\pm 10mm$。

2. 管道轴线控制

管道轴线对中作业是使管道中心线与沟槽中心线在同一平面上重合，如果中心线偏离较大，则应调整管道位置，直至符合要求为止。通常有中心线法和边线法两种方法。

（1）中心线法。在两坡度板间的中心线上挂一个垂球，而在管内放置带有中心刻度的水平尺，当垂球线通过水平尺中心时，则表示管道已对中，这种对中方法较准确，多被采用，如图 3.35 所示。

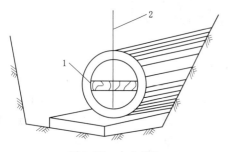

图 3.35　中心线法
1—水平尺；2—坡度板中心线

（2）边线法。将管边线用钉子钉在龙门板桩上，通过锤球定位线定出边线，在基础上做好记号，稳管时通过垂线控制管道边线，这样管道就处于中心位置，如图 3.36 所示。

3. 管道高程控制

在稳管前，先由测量人员将管道的中心钉和高程钉经测量后钉设在坡度板上，两高程钉之间的连线即为管底坡度的平行线，称为坡度线。坡度线上的任何一点到管内底的垂直距离为一常数，称为下反数。稳管时可用一木制样（或称高程尺）垂直放入管内底中心处。根据下反数和坡度线则可控制高程。一般常用方法是使用一个丁字形高程尺，尺上刻有管底和坡度线之间的距离，即相对高程的下反数。将高程尺垂直放置在管底内皮上，当标记与坡线重合时，则高程准确。

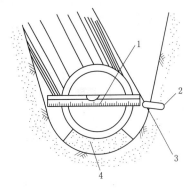

图 3.36 边线法
1—水平尺；2—边桩；3—边线；
4—砂垫弧基

3.3.5 管道的铺设

排水管道铺设的方法通常有平基法、垫块法、"四合一"法，应根据管道种类、管径大小、管座形式、管道基础、接口方式等进行选择。

1. 平基法

平基法就是先进行地基处理，浇筑混凝土带形基础，待基础混凝土达到一定强度后，再进行下管、稳管、浇筑管座及抹带接口的施工方法。这种方法适合于地质条件不良的地段或雨季施工的场合。

平基法施工时，基础混凝土强度必须达到 5MPa 以上时，才能下管。基础顶面标高要满足设计要求，误差不超过 ±10mm。管道设计中心线可在基础顶面上弹线进行控制。管道对口间隙：当管径不小于 700mm 时，按 10mm 控制；当管径小于 700mm 可不留间隙。当铺设较大的管道时，宜进入管内检查对口，以减少错口现象。稳管以管内底标高偏差在 ±10mm 之内，中心线偏差不超过 10mm，相邻管内底错口不大于 3mm 为合格。稳管合格后，在管道两侧用砖块或碎石卡牢，并立即浇筑混凝土管座。浇筑管座前，平基应进行凿毛处理，并冲洗干净。为防止挤偏管道，在浇筑混凝土管座时，应两侧同时进行。

2. 垫块法

垫块法是在预制的混凝土垫块上安管和稳管，然后再浇筑混凝土基础和接口的施工方法。这种方法可以使平基和管座同时浇筑，缩短工期，是污水管道常用的施工方法。

垫块法施工时，预制混凝土垫块的强度等级应与基础混凝土相同；垫块的长度为管径的 0.7 倍，高度等于平基厚度，宽度大于或等于高度；每节管道应设 2 个垫块，一般放在管道两端。为了防止管道从垫块上滚下伤人，铺管时管道两侧应立保险杠；垫块应放置平稳，高程符合设计要求。稳管合格后一定要用砖块或碎石在管道两侧卡牢，并及时灌筑混凝土基础和管座。

3. "四合一"法

"四合一"法是将混凝土平基、稳管、管座、抹带，四道工序合在一起施工的方法。这种方法施工速度快，管道安装后整体性好，但要求操作技术熟练，适用于管径为 500mm 以下的管道安装。

其施工程序为：验槽→支模下管→排管→"四合一"施工→养护。

"四合一"法施工时，首先要支模，模板材料一般采用 150mm×150mm 的方木，支设时模板内侧用支杆临时支撑，外侧用支架支牢，为方便施工可在模板外侧钉铁钎。根据操作需要，模板应略高于平基或 90° 管座基础高度。下管后，利用模板做导木，在槽内将

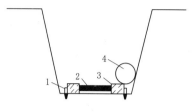

图 3.37 "四合一"支模排管示意

1—铁钎；2—临时支撑；3—方木；4—管道

管道滚运到安管处，然后顺排在一侧方木上，使管道重心落在模板上，倚靠在槽壁，并能容易地滚入模板内，如图 3.37 所示。

若采用 135°或 180°管座基础，模板宜分两次支设，上部模板待管道铺设合格后再支设。浇筑平基混凝土时，一般应使基础混凝土面比设计标高高 20～40mm（视管径大小而定），以便稳管时轻轻揉动管道，使管道落到略高于设计标高处，

并备出安装下一节管道时的微量下沉。当管径在 400mm 以下时，可将管座混凝土与平基一次浇筑。

稳管时，将管身润湿，从模板上滚至基础混凝土面，边轻轻揉动边找中心和高程，将管道揉至高于设计高程 1～2mm 处，同时保证中心线位置准确。完成稳管后，立即支设管座模板，浇筑两侧管座混凝土，捣固管座两侧三角区，补填对口砂浆，抹平管座两肩。管座混凝土浇筑完毕后，立即进行抹带，使管座混凝土与抹带砂浆结合成一体，但抹带与稳管至少要相隔 2～3 个管口，以免稳管时不小心碰撞管子，影响抹带接口的质量。

3.3.6 钢管的安装

钢管具有强度高、韧性好、重量轻、长度大、接头少的特点，但它比铸铁管的价格高，耐腐蚀性差，主要供城市大口径的给水管道以及穿越铁路、河谷和室内管道使用。

1. 安装准备工作

钢管在使用前应按设计要求核对其规格、材质、型号，并进行外观检查，其表面要求：无裂纹、缩孔、夹渣、折叠、重皮等缺陷；不超过壁厚负偏差的锈蚀或凹陷；螺纹密封面良好，精度及粗糙度应达到设计要求或制造标准。

2. 钢管的连接

钢管的连接方式多分为螺纹连接、焊接、法兰连接等。

（1）螺纹连接。螺纹连接也称为丝扣连接，有冶金部标准（YB25 - 57）与化工部标准（TY8100 - 50）两种，前者用于一般工业与民用管道螺纹连接，后者用于高压化工管道螺纹连接。在市政工程中，小口径钢管一般采用丝扣螺纹接口。

钢管采用螺纹连接时，管节的切口断面应平整，偏差不得超过一扣；丝扣应光洁，不得有毛刺、乱扣、断扣，缺扣总长不得超过丝扣全长的 10%；接口紧固后宜露出 2～3 扣螺纹。

（2）焊接。焊接一般采用熔化焊方式。焊条的化学成分、机械强度应与母材相同且匹配，兼顾工作条件和工艺特性。《给水排水管道工程施工及验收规范》（GB 50268—2008）要求，焊接连接应符合下列规定。

1）管节组对焊接时应先清理管内污物，将管口边缘与焊口两侧打磨干净，露出金属光泽，并制作坡口，管端端面的坡口角度、钝边、间隙应符合设计要求，设计无要求时应符合表 3.17 的规定。不得在对口间隙夹焊帮条或用加热法缩小间隙施焊。

2）对口时应使内壁齐平，错口的允许偏差应为壁厚的 20%，且不得大于 2mm。

表 3.17　　　　　　　　　　　　　　　电弧焊管端倒角各部尺寸

倒角形式图示	壁厚 t/mm	间隙 b/mm	钝边 p/mm	坡口角度 α/(°)
	4~9	1.5~3.0	1.0~1.5	60~70
	10~26	2.0~4.0	1.0~2.0	60±5

3）对口时纵、环向焊缝的位置应符合下列规定。

a. 纵向焊缝应放在管道中心垂线上半圆的 45°左右处。

b. 纵向焊缝应错开，管径小于 600mm 时，错开的间距不得小于 100mm；管径不小于 600mm 时，错开的间距不得小于 300mm。

c. 有加固环的钢管，加固环的对焊焊缝应与管节纵向焊缝错开，其间距应不小于 100mm，加固环距管节的环向焊缝应不小于 50mm。

d. 环向焊缝距支架净距离应不小于 100mm。

e. 直管管段两相邻环向焊缝的间距应不小于 200mm，并应不小于管节的外径。

f. 管道任何位置不得有十字形焊缝。

4）不同壁厚的管节对口时，管壁厚度相差不宜大于 3mm。不同管径的管节相连时，两管径相差大于小管管径的 15％时，可用渐缩管连接。渐缩管的长度应不小于两管径差值的 2 倍，且应不小于 200mm。

5）钢管对口检查合格后，方可进行接口定位焊接。定位焊接采用点焊时，应符合下列规定。

a. 点焊焊条应采用与接口焊接相同的焊条。

b. 点焊时，应对称施焊，其焊缝厚度应与第一层焊接厚度一致。

c. 钢管的纵向焊缝及螺旋焊缝处不得点焊。

d. 点焊长度与间距应符合表 3.18 的规定。

表 3.18　　　　　　　　　　　　　　　焊 点 长 度 与 间 距

管外径 D_0/mm	点焊长度/mm	环向点焊点/处
350~500	50~60	5
600~700	60~70	6
≥800	80~100	点焊间距不宜大于 400mm

6）焊接方式应符合设计和焊接工艺评定的要求，管径大于 800mm 时，应采用双面焊，管内焊两遍，外面焊三遍。不合格的焊缝应返修，返修次数不得超过 3 次。

7）管道对接时，环向焊缝的检验应符合下列规定。

a. 检查前应清除焊缝的渣皮、飞溅物。

b. 应在无损检测前进行外观质量检查，并应符合表 3.19 的规定。

c. 无损探伤检测方法应按设计要求选用。

d. 无损检测取样数量与质量要求应按设计要求执行；设计无要求时，压力管道的取样数量应不小于焊缝量的 10％。

表 3.19　　　　　　　　　　　　焊缝的外观质量

项目	质量要求
外观	不得有熔化金属流到焊缝外来熔化的母材上，焊缝和热影响区表面不得有裂纹、气孔、疆坑和灰渣等缺陷；表面光顺、均匀，焊道与母材应平缓过渡
宽度	应焊出坡口边缘 2～3mm
表面余高	应小于或等于 $1+0.2b$，且不大于 4mm
咬边	保度应小于或等于 0.5mm，焊缝两侧咬边总长不得超过焊缝长度的 10％，且连续长应不大于 100mm
错边	应小于或等于 $0.2t$，应不大于 2mm
未焊满	不允许

注　t 为壁厚，mm；b 为坡口边缘宽度。

（3）法兰连接。法兰连接由一对法兰、一个垫片及若干个螺栓螺母组成（图 3.38）。

图 3.38　法兰的组成

法兰连接是将垫片放入一对固定在两个管口上的法兰中间，用螺栓拉紧使其紧密结合起来的一种可拆卸的接头。

1）法兰分类。按法兰与钢管的固定方式可分为螺纹法兰、焊接法兰、松套法兰；按密封面形式可分为光滑式、凹凸式、柳槽式、透镜式和梯形槽式。

2）法兰安装要求。按《城镇供热管网工程施工及验收规范》（CJJ 28—2014）要求，法兰连接应符合下列规定。

a. 安装前应对法兰密封面及密封垫片进行外观检查，法兰密封面应表面光洁，法兰螺纹完整、无损伤。

b. 法兰端面应保持平行，偏差不大于法兰外径的 1.5％，且不得大于 2mm，不得采用加偏垫、多层垫或加强力拧紧法兰一侧螺栓的方法，消除法兰接口端面的缝隙。

c. 法兰与法兰、法兰与管道应保持同轴，螺栓孔中心偏差不得超过孔径的 5％。

d. 垫片的材质和涂料应符合设计要求，当大口径垫片需要拼接时，应采用斜口拼接或迷宫式的对接，不得直缝对接，垫片尺寸应与法兰密封面相同。

e. 严禁采用先加垫片并拧紧法兰螺栓，再焊接法兰焊口的方法进行法兰焊接。

f. 螺栓应涂防锈油脂保护。

g. 法兰连接应使用同一规格的螺栓，安装方向应一致，紧固螺栓时应对称、均匀地进行，松紧适度，紧固后丝扣外露长度应为 2～3 倍螺距，需要用垫圈时，每个螺栓应采用一个垫圈。

h. 法兰内侧应进行封底焊。

i. 软垫片的周边应整齐，垫片尺寸应与法兰密封面相符，其允许偏差应符合《工业金属管道工程施工规范》（GB 50235—2010）的规定。

j. 法兰与附件组装时，垂直度允许偏差为 2～3mm。

3.3.7 球墨铸铁管安装

球墨铸铁管是近十几年来引进和开发的一种管材，具有强度高、韧性大、抗腐蚀能力强的特点。球墨铸铁管管口之间采用柔性接头，且管材本身具有较大延伸率，使管道的柔性较好，在埋地管道中能与管周围的土体共同工作，改善了管道的状态，提高了管网的供水可靠性，因此得到了越来越广泛的应用。铸铁管穿过铁路、公路、城市道路或与电缆交处应设套管并采用柔性接口，以增强抗震能力。

1. 安装准备工作

检查铸铁管外观光滑平整，不得有损坏、裂缝、气孔、重皮，管口尺寸应在允许范围内。管节及管件下沟槽前，应清除承口内部的油污、毛刺、杂物、铸砂及凹凸不平的铸瘤。柔性接口铸铁管及管件承口的内工作面、插口的外工作面应修整光滑、轮廓清晰，不得有影响接口密封性的缺陷。橡胶圈应形体完整、表面光滑，无变形、扭曲现象。检查安装机具是否配套齐全，工作状态是否良好。

2. 管道的连接

球墨铸铁管的接口主要有三种形式，即滑入式（简称 T 型）、机械式（简称 K 型）和法兰式（简称 RF 型）。前两种为柔性接口，法兰式可承受纵向力。

（1）滑入式接口安装。球墨铸铁管一般采用 T 型接口（图 3.39），施工方便，只要将插口插入承口就位即可。施工实践表明，这种接口具有可靠的密封性、良好的抗震性和耐腐蚀性，能承受 1.0MPa 的管网压力，且操作简单，安装技术易掌握，改善了劳动条件，质量可靠，接口完成后即可通水，是一种较好的接口形式。

1）安装程序。下管→清理管口→清理胶圈→上胶圈→安装机具设备→在插口外表面和胶圈上刷润滑剂→顶推管子使之插入承口→检查。

2）安装要求。

a. 将橡胶圈装入承口凹槽，对较小规格的橡胶圈，将其弯成心形（图 3.40）放入承口密封槽内，DN800 以上的胶圈捏成梅花形（图 3.41）容易安装。橡胶圈放入后应施加径向力使其完全放入承口槽内，确保胶圈各个部分不翘不扭，均匀一致地卡在槽内。

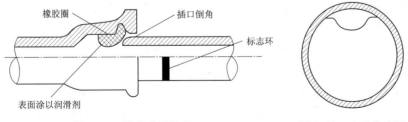

图 3.39 滑入式柔性接口　　　图 3.40 心形橡胶圈

b. 在插口外表面和胶圈上刷润滑剂。润滑剂可用厂方提供的，也可用肥皂水，将润滑剂均匀地刷在承口内已安装好的胶圈内表面，在插口外表面刷润滑剂时应注意刷至插口端部的坡口处。

c. 球墨铸铁管下沟槽时应使承口朝向水流方向，球墨铸铁管柔性接口的安装一般采用顶推和拉入的方法，可采用撬棍顶入法、倒链（手拉葫芦）拉入法、千斤顶拉杆法、牵引机拉入法等。

d. 检查插口推入承口的位置是否符合要求。用探尺伸入承插口间隙中检查胶圈位置是否正确。

（2）机械式接口安装。机械式 K 型接口（图 3.42），又称压兰式球墨铸铁管柔性接口，是将铸铁管的承插口加以改造，使其适应一特殊形状的橡胶圈作为挡水材料，外部不需其他填料。不需要复杂的安装机具，施工较简单，但要有附设配件，常用于施工面狭小，施工机械无法使用的地方。机械式接口主要由铸铁管、压兰、螺栓和橡胶圈组成。

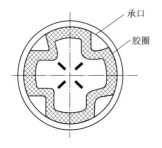
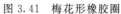

图 3.41　梅花形橡胶圈

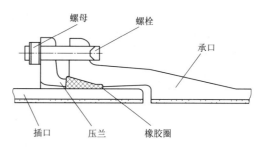

图 3.42　机械式 K 型接口示意图

1）安装程序。下管→清理插口、压兰和橡胶圈→压兰和胶圈定位→清理承口→刷润对口→临时紧固→螺栓全方位紧固→检查螺栓扭矩。

2）安装要求。

a. 插口、压兰及胶圈清洁后，在插口上定出胶圈的安装位置，先将压兰送入插口，然后把胶圈套在插口已定好的位置处。

b. 刷润滑剂前应将承插口和胶圈再清理一遍，然后将润滑剂均匀地涂刷承口内表面和插口及胶圈的外表面。

c. 将管子稍许吊起，使插口对正承口装入，调整好接口间隙后固定管身，卸吊具。

d. 将胶圈推入承插口的间隙，调整压兰的螺栓孔使其与承口上的螺垒孔对正，先用 4 个互相垂直方位上的螺栓临时紧固。

e. 将全部的螺栓穿入螺栓孔，并安上螺母，然后按上下左右交替紧固的工序，对称均匀地分数次上紧螺栓。

f. 螺栓上紧之后，用力矩扳手检验每个螺栓的扭矩。

（3）法兰式（简称 RF 型）接口安装。法兰接口所用的环形橡胶垫圈应质地均匀、厚薄一致、未老化、无皱纹，采用非整体垫片时，应黏接良好、拼缝平整。法兰面应平整、无裂纹，密封面上不得有斑疤、砂眼及辐射状沟纹。螺孔位置应准确，相对两法兰螺栓孔必须相对称。法兰密封面应与管径轴线垂直，管径小于等于 DN300mm 时允许偏差为 1mm，管径大于 DN300mm 时允许偏差为 2mm。

3.3.8　塑料管安装

塑料管的种类较多，可用于室内外的给排水管道中。常用的有硬聚氯乙烯（UPVC）

管、聚乙烯（PE）管、玻璃钢管、聚丙烯（PP）管等。塑料管材由于其重量轻、施工方便、耐腐蚀、寿命周期长等特点，得到了广泛的使用。

1. 安装准备工作

设计图纸及其他技术文件齐全，并经会审通过；施工单位必须有建设主管部门批准的相应的施工资质；施工工具、施工场地及施工用水、用电、材料储放等临时设施能满足施工要求；施工现场与材料存放温差较大时，应于安装前将管材和管件在现场放置一定时间，使其温度接近施工的环境温度。

例如 PE 管道系统安装前应对外观和接头配合的公差进行仔细检查，管材和管件的内外表面应光滑平整，无气泡、裂口、裂纹、脱皮、缺损、变形和明显的横纹、凹陷，且色泽基本一致；管材的端面应垂直于管件的轴线；必须消除管材及管件内外的污垢和杂物。施工单位施工人员应经过培训且熟悉 PE 管道的一般性能，掌握管道的连接技术及操作要点，严禁盲目施工。

2. 聚乙烯（PE）给水管道的连接

聚乙烯管道连接常采取电熔连接（电熔承插连接）和热熔连接（热熔对接连接、热熔承插连接、热熔鞍形连接），不得采用螺纹连接和黏接。聚乙烯管道与金属管道、阀门连接必须采用钢塑过渡接头连接。聚乙烯管道不同连接形式应采用对应的专用连接工具，连接时，不得使用明火加热。聚乙烯管道连接采用热熔焊接时宜采用同种牌号、材质相同的管材和管件。对性能相似的不同牌号、材质的管材与管材或管件与管件之间的连接，应通过试验，判定连接质量能得到保证后，方可进行。

电熔连接、热熔连接应采用专用电器设备、焊接设备和工具进行施工；管道连接时必须对连接部位、密封件、套筒等配件清理干净；套筒（带或套）连接、法兰连接、卡箍连接用的钢制套筒、法兰、卡箍、螺栓等金属制品应根据现场土质并参照相关标准采取防腐措施。

采用电熔连接、热熔连接、套筒（带或套）连接、法兰连接、卡箍连接时，应在当日温度较低或接近最低时进行；电熔连接、热熔连接时电热设备的温度控制、时间控制，焊接时对焊接设备的操作等，必须严格按接头的技术指标和设备的操作程序进行；接头处应有沿管节圆周平滑对称的外翻边，内翻边应铲平。

3.3.9 玻璃钢夹砂管安装

玻璃钢夹砂管是在纯玻璃钢管的中间引入树脂砂浆层，形成新的层合结构体，从而在保留原玻璃钢管道所有优点的基础上，既提高了刚度，又降低了工程造价。它的主要特点是耐腐蚀性好，对水质无影响；耐热性、抗冻性好；自重轻、强度高，运输安装方便。因此，受到了给排水行业的欢迎。

1. 管道安装准备

在装配管道之前，首先应对土方施工的基础尺寸进行检查，以确认是否符合设计要求。验收全部管子的规格尺寸，压力等级要求，应与设计图纸相吻合；管子的存放地点应选择较为平坦的地方；备好组装机具，不同的规格所使用的设备不同。

2. 管道接口

玻璃钢夹砂管道与管之间采用的是承插式双 O 形密封圈连接（图 3.43），其组装方式类同于承插口式的铸铁管安装。布管时应将每根管沿管沟摆放，摆放时应非常注意的是将每根管的承口方向与设计水流方向相反放置，如图 3.44 所示。

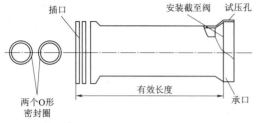

图 3.43　双 O 形密封圈接口

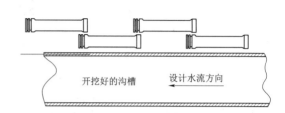

图 3.44　布管示意图（每根管搭接约 300mm）

连接时一般应逆水流方向连接，连接前在基础上对应承插口的位置要挖一个凹槽，承插安装后，用砂子填实。连接时再检查一遍承口和插口，在承口上安装上打压嘴，在承山内表面均匀涂上液体润滑剂，然后把两个 O 形橡胶圈分别套装在插口上，并涂上液体润滑剂。管道连接时采用合适的机械辅助设备，一般来说，对于大口径管，其插口端的管子要用吊力将其轻离地面，以减少管子与地面的摩擦，减少安装力。

3.3.10　硬聚氯乙烯（UPVC）、硬聚氯乙烯加筋管安装

UPVC 管道具有抗腐蚀力强、易于黏合、价廉、质地坚硬的优点。同时该管道机械强度低，大气中紫外线与氧气的影响会加速其老化，气温的变化及油烟或其他化学剂的侵蚀对管道有很大影响，因此应根据其特点进行操作。

UPVC 加筋管是由硬聚氯乙烯为主要原料加工生产的内壁光滑、外壁带有垂直加强筋的新型 UPVC 管，结构合理、强度高，是一种新型的柔性排水管材，适用于管径 DN600mm 以下的下水道工程施工。

1. 安装前的质量检查

管材要求外观颜色一致，内壁光滑平整，管身不得有裂缝，筋的链接缺损不得超过 2 条，管口不得有破损、裂口、变型等缺陷。管材的端面应平整，与管中心轴线垂直，轴向不得有明显的弯曲。管材插口外径、承口内径的尺寸及圆度必须符合产品标准的规定。管道接口用的橡胶圈性能、尺寸应符合设计要求。橡胶圈外观应光滑平整，不得有气孔、裂缝、卷皱、破损、重皮和接缝现象。

2. 橡胶圈接口

橡胶圈应放置在管道插口第二至第三根筋之间的槽内。接口时，先将承口的内壁清理干净，并在承口内壁及插口橡胶圈上涂上润滑剂，然后将承插口端的中心轴线对齐。接口方法：一人用棉纱绳吊住 B 管的插口，另一人用长撬棒斜插入基础，并抵住管端中心位置的横挡板，然后用力将 B 管插口缓缓插入 A 管的承口至预定位置。

接口橡胶圈是否到位有两种检验方法：一是在插口端一定位置（一般长约 23cm）划出标志线，安装时检查该标志线是否到位；二是听声音，一般到位时，插口与承口接触会发出撞击的声音。

3.3.11　钢筋混凝土管安装

钢筋混凝土管道多用于大口径给水管道和污水、雨水管道。给水管道多采用预应力混

凝土管、预应力钢筒混凝土管；雨、污水管道多采用普通混凝土管、钢筋混凝土管以及预应力钢筋混凝土管。

1. 安装准备工作

钢筋混凝土管道安装前检验管道成品，质量要求内外表面无露筋、空鼓、蜂窝、裂纹及碰伤等缺陷。管节安装前应将管内外清扫干净，避免受钉子及其他尖锐物的碰撞，安装时应使管道中心及内底高程符合设计要求，不可沿地面拖拉管道和配件，稳管时必须采取措施防止管道发生滚动。管道在运输、装卸、堆放过程中，严禁抛扔或激烈碰撞。

2. 管道的连接

给水管道多采用预应力混凝土管、预应力钢筒混凝土管，其接口形式与铸铁管相同；雨、污水排水管道多采用普通混凝土管、钢筋混凝土管以及预应力钢筋混凝土管，其接口形式多为刚性接口，有时也用柔性接口或半柔性接口。

刚性接口有水泥砂浆抹带接口、钢丝网水泥砂浆抹带接口。这种刚性接口抗震性能差，用在地基比较良好，有带形基础的无压管道上。

（1）刚性接口。

1）水泥砂浆抹带接口。在管道接口处采用 1：2.5～1：3 水泥砂浆抹成半椭圆形状的砂浆带，带宽 120～150mm，属于刚性接口。一般适用于地基土质较好的雨水管道，或用于地下水位以上的污水支线上。企口管、平口管、承插管均可采用此种接口，如图 3.45 所示。

2）钢丝网水泥砂浆抹带接口。在管道接口处将宽 200mm 抹带范围的管外壁凿毛，抹一层厚 15mm 的水泥砂浆，然后包一层钢丝网，并将两端插入管座混凝土中，上面再抹一层厚 10mm 水泥砂浆。钢丝网水泥砂浆抹带接口材料应符合下列规定：选用粒径

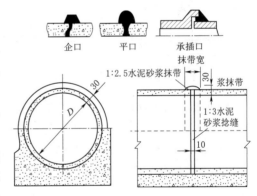

图 3.45　水泥砂浆抹带接口（单位：mm）

0.5～1.5mm、含泥量不大于 3% 的洁净砂；选用网格 10mm×10mm、丝径为 20 号的钢丝网；水泥砂浆配比满足设计要求。钢丝网水泥砂浆抹带接口适用于地基土质较好的具有带形基础的雨水、污水管道上，如图 3.46 所示。

刚性接口的钢筋混凝土管道施工应符合下列规定：抹带前应将管口的外壁凿毛、洗净；钢丝网端头应在浇筑混凝土管座时插入混凝土内，在混凝土初凝前，分层抹压钢丝网水泥砂浆抹带；管道中心、高程复验合格后，应按混凝土基础施工的规定及时浇筑管座混凝土；抹带完成后应立即用吸水性强的材料覆盖，3～4h 后洒水养护；水泥砂浆填缝及抹带接口作业时落入管道内的接口材料应清除；管径大于或等于 700mm 时，应采用水泥砂浆将管道内接口部位抹平、压光；管径小于 700mm 时，填缝后应立即拖平。

（2）柔性接口。常用的柔性接口有沥青石棉麻布接口、沥青石棉卷材接口及橡胶圈接口。沥青石棉麻布接口、沥青石棉卷材接口，用在无地下水，地基强度不一，沿管道轴向沉陷不均匀的无压管道上。橡胶圈接口使用范围更加广泛，特别是在地震区，对管道抗震

有显著作用。

1）沥青麻布接口。沥青麻布是由普通麻布在冷底子油（4 号沥青：汽油＝3：7，重量比）中浸泡，待泡透后晾干而制成的。接口时，先将管口表面清洗干净并晾干，涂一层冷底子油，再涂一层 4 号热沥青，然后包一层沥青麻布，并用铅丝将麻布与两端管口绑牢；在沥青麻布上涂 4 号沥青后包第二层沥青麻布并绑牢；同样，再包第三层沥青麻布并绑牢；最后再涂一层热沥青，这种接口方法称为"四油三布"。沥青麻布的宽度：当管径不大于 900mm 时，分别为 159mm、200mm、250mm；当管径不小于 1000mm 时，分别为 200mm、250mm、300mm，麻布的搭接长度为 250mm，如图 3.47 所示。

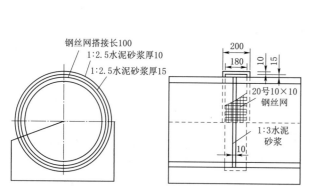

图 3.46　钢丝网水泥砂浆抹带接口（单位：mm）

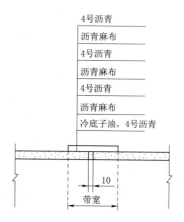

图 3.47　沥青麻布接口（单位：mm）

2）沥青石棉卷材接口。沥青石棉卷材为工厂加工，沥青砂重量配比为沥青：石棉：细砂＝7.5：1：1.5。接口时，先将接口处管壁刷净烤干，涂上冷底子油一层，再刷沥青玛蹄脂厚 3mm，然后包上沥青石棉卷材，涂 3mm 厚的沥青砂，这叫"三层做法"。若再加卷材和沥青砂各一层，便叫"五层做法"。一般适用于地基沿管道轴向沉陷不均匀地区，如图 3.48 所示。

3）橡胶圈接口。橡胶圈接口的钢筋混凝土管、预（自）应力混凝土管安装前，承口内工作面、插口外工作面应清洗干净；套在插口上的橡胶圈应平直、无扭曲，正确就位；橡胶圈表面和承口工作面应涂刷无腐蚀性的润滑剂，安装后放松外力，管节回弹不得大于 10mm，且橡胶圈应在承、插口工作面上，在插口上按要求做好安装标记，以便检查插入是否到位，接口安装时，将插口一次插入承口内，达到安装标记为止；安装时接头和管端应保持清洁。该接口结构简单，施工方便，适用于施工地段土质较差，地基硬度不均匀或地震地区，如图 3.49 所示。

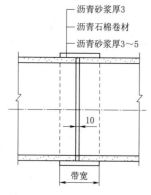

图 3.48　沥青石棉卷材接口
（单位：mm）

（3）半柔性接口。半柔性接口介于柔性和刚性两种形式之间，使用条件与柔性接口类似，常用的是预制套环石棉水泥接口、沥青砂接口。

预制套环石棉水泥（或沥青砂）接口属于半柔性接口。

石棉水泥重量比为水：石棉：水泥＝1：3：7（沥青砂配比为沥青：石棉：砂＝1：0.67：0.67）。预制套环石棉水泥（或沥青砂）接口适用于地基不均匀地段，或地基经过处理后管道可能产生不均匀沉陷且位于地下水位以下，内压低于10m的管道上，如图3.50所示。

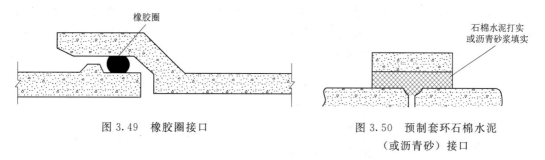

图 3.49　橡胶圈接口　　　　　　　图 3.50　预制套环石棉水泥
　　　　　　　　　　　　　　　　　　　　　　　（或沥青砂）接口

3.4　管道质量检查与验收

3.4.1　管道压力试验

1. 管道压力试验的一般规定

（1）应符合现行国家标准《给水排水管道工程施工及验收规范》（GB 50268—2008）规定。

（2）压力管道应用水进行压力试验。地下钢管或铸铁管，在冬季或缺水情况下，可用空气进行压力试验，但均须有防护措施。

（3）压力管道的试验，应按下列规定进行：架空管道、明装管道及非掩蔽的管道应在外观检查合格后进行压力试验；地下管道必须在管基检查合格，管身两侧及其上部回填不小于0.5m，接口部分尚敞露时，进行初次试压，全部回填土，完成该管段各项工作后进行末次试压。此外，铺设后必须立即全部回填土的管道，在回填前应认真对接口做外观检查，仔细回填后进行一次试验；对于组装的有焊接接口的钢管，必要时可在沟边做预先试验，在下沟连接以后仍需进行压力试验。

（4）试压管段的长度不宜大于1km，非金属管段不宜超过500m。

（5）管端敞口，应事先用管堵或管帽堵严，并加临时支撑，不得用闸阀代替；管道中的固定支墩，试验时应达到设计强度；试验前应将该管段内的闸阀打开。

（6）当管道内有压力时，严禁修整管道缺陷和紧动螺栓，检查管道时不得用手锤敲打管壁和接口。

（7）给水管道在试验合格验收交接前，应进行一次通水冲洗和消毒，冲洗流量不应小于设计流量或流速不小于1.5m/s。冲洗应连续进行，当排水的色、透明度与入口处目测一致时，即为合格。生活饮用水管冲洗后用含20～30mg/L游离氯的水，灌洗消毒，含氯水留置24h以上，消毒后再用饮用水冲洗。冲洗时应注意保护管道系统内仪表，防止堵塞或损坏。

2. 管道水压试验

（1）管道试压前管段两端要封以试压堵板，堵板应有足够的强度，试压过程中与管身接头处不能漏水。

（2）管道试压时应设试压后背，可用天然土壁作试压后背，也可用已安装好的管道作试压后背，试验压力较大时，会使土后背墙发生弹性压缩变形，从而破坏接口。为了解决这个问题，常用螺旋千斤顶，即对后背施加预压力，使后背产生一定的压缩变形。给水管道水压试验后背装置如图 3.51 所示。

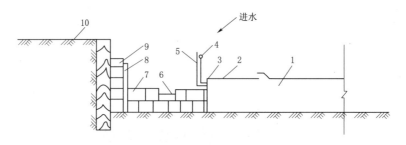

图 3.51　给水管道水压试验后背装置
1—试验管段；2—短管；3—法兰盖堵；4—压力表；5—进水管；
6—千斤顶；7—顶铁；8—钢板；9—方木；10—后座墙

（3）管道试压前应排除管内空气，灌水进行浸润，试验管段灌满水后，应在不大于工作压力条件下充分浸泡后进行试压。浸泡时间应符合以下规定：铸铁管、球墨铸铁管、钢管无水泥砂浆衬里不小于 24h，有水泥砂浆衬里不小于 48h。预应力、自应力混凝土管及现浇钢筋混凝土管渠，管径小于 1000mm，不小于 48h；管径等于 1000mm，不小于 72h。硬 PVC 管在无压情况下至少保持 12h，进行严密性试验时，将管内水加压到 0.35MPa，并保持 2h。

（4）硬聚氯乙烯管道灌水应缓慢，流速小于 1.5m/s。

（5）冬季进行水压试验时，应采取有效的防冻措施，试验完毕后应立即排出管内和沟槽内的积水。

（6）水压试验压力应满足《给水排水管道工程施工及验收规范》（GB 50268—2008）规定，承压水管道水压试验压力值见表 3.20。

表 3.20　　　　　　　　承压水管道水压试验压力值

管 材 种 类	工作压力/MPa	试验压力/MPa
钢管	P	$P+0.5$ 且不小于 0.9
球墨铸铁管	$P<0.5$	$2P$
	$P>0.5$	$P+0.5$
预应力钢筋混凝土管与	$P<0.6$	$1.5P$
自应力钢筋混凝土管	$P\geqslant0.6$	$P+0.3$
给水硬聚氯乙烯臂	P	强度试验 $1.5P$；严密试验 $0.5P$
现浇或预制钢筋混凝土管渠	$P\geqslant0.1$	$1.5P$
水下管道	P	$2P$

（7）水压试验验收及标准。

1）落压试验法。在已充水的管道上用手摇泵向管内充水，待升至试验压力后，停止加压，观察表压下降情况。如 10min 压力降不大于 0.05MPa，且管道及附件无损坏，将试验压力降至工作压力，恒压 2h，进行外观检查，无漏水现象表明试验合格。落压试验装置如图 3.52 所示。

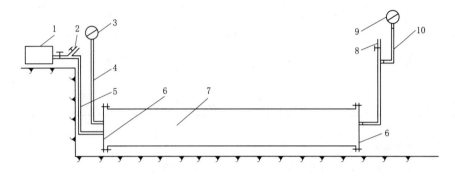

图 3.52　落压试验装置

1—手摇泵；2—进水总管；3—压力表；4—压力表连接管；5—进水管；
6—盖板；7—试验管段；8—放水管；9—压力表；10—连接管

2）严密性试验法。严密性试验法也称渗水量试验法，将管段压力升至试验压力后，记录表压降低 0.1MPa 所需的时间 T_1(min)，然后在管内重新加压至试验压力，从放水阀放水，并记录表压下降 0.1MPa 所需的时间 T_2(min) 和此间放出的水量 W(L)。按下式计算渗水率：

$$q = W/(T_1 - T_2) \times L$$

式中　L 为试验管段长度，km。

渗水量试验示意图如图 3.53 所示。若 q 值小于表 3.21 的规定，即认为合格。

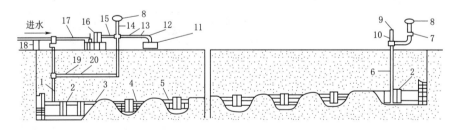

图 3.53　渗水量试验示意图

1—进水管；2—封闭端；3—回填土；4—试验臂段；5—工作坑；6、19—压力表连接管；8—压力表；
9—放水阀；11—水筒；12—龙头；16—手摇泵；7、10、13、14、15、17、18、20—闸门

3. 管道气压试验

（1）承压管道气压试验规定。

1）管道进行气压试验时应在管外 10m 范围设置防护区，在加压及恒压期间，任何人不得在防护区停留。

表 3.21　　　　　　　　　　　硬聚氯乙烯管强度试验的允许渗水率

管外径/mm	允许渗水率/[L/(min·km)]		管外径/mm	允许渗水率/[L/(min·km)]	
	黏接连接	胶圈连接		黏接连接	胶圈连接
63～75	0.20～0.24	0.3～0.5	200	0.56	1.4
90～110	0.26～0.28	0.6～0.7	225～250	0.7	1.55
125～140	0.35～0.38	0.90～0.95	280	0.8	1.6
160～180	0.42～0.50	1.05～1.20	315	0.85	1.7

2）气压试验应进行两次，即回填前的预先试验和回填后的最后试验。承压管道气压试验压力见表 3.22。

表 3.22　　　　　　　　　　　承压管道气压试验压力

管材		强度试验压力/MPa	严密性试验压力/MPa
钢管	预先试验	工作压力小于 0.5，为 0.6	0.3
	最后试验	工作压力大于 0.5，为 1.15 倍工作压力	0.03
铸铁管	预先试验	0.15	0.1
	最后试验	0.6	0.03

（2）气压试验验收标准。

1）钢管和铸铁管以气压进行时，应将压力升至强度试验压力，恒压 30min，如管道、管件和接口未发生破坏，然后将压力降至 0.05MPa 并恒压 24h，进行外观检查（如气体溢出的声音、尘土飞扬和压力下降等现象），如无泄漏，则认为预先试验合格。

2）在最后气压试验时，升压至强度试验压力，恒压 30min；再降压至 0.05MPa，恒压 24h。若管道未破坏，且实际压力下降不大于表 3.23 规定，则认为合格。

表 3.23　　　　　长度不大于 1km 的钢管道和铸铁管道气压试验时间和允许压力降

管径/mm	钢管道		铸铁管道		管径/mm	钢管道		铸铁管道	
	试验时间/h	试验时间内的允许水压降/kPa	试验时间/h	试验时间内的允许水压降/kPa		试验时间/h	试验时间内的允许水压降/kPa	试验时间/h	试验时间内的允许水压降/kPa
100	0.5	0.55	0.25	0.65	500	4	0.75	2	0.70
125	0.5	0.45	0.25	0.55	600		0.50	2	0.55
150	1	0.75	0.25	0.50	700	6	0.60	3	0.65
200	1	0.55	0.5	0.65	800	6	0.50	3	0.45
250	1	0.45	0.5	0.50	900	6	0.40	4	0.55
300	2	0.75	1	0.70	1000	12	0.70	4	0.50
350	2	0.55	1	0.55	1100	12	0.60		
400	2	0.45	1	0.50	1200	12	0.50		

3.4.2　无压管道严密性试验

进行严密性试验的试验管段应按井距分隔，长度不大于 1km，带井试验。雨水和与其性质相似的管道，除大孔性土壤及水源地区外，可不做渗水量试验。污水管道不允许渗漏。

闭水试验管段应符合下列规定：

（1）管道及检查井外观质量已验收合格；管道未回填，且沟槽内无积水；全部预留孔（除预留进出水管外）应封堵坚固，不得渗水；管道硼端堵板承载力经核算应大于水压力的合力。

（2）试验段上游设计水头不超过管顶内壁时，试验水头应以试验段上游管顶内壁加2m计，当上游设计水头超过管顶内壁时，试验水头应以上游设计水头加2m计；当计算出的试验水头小于10m，但已超过上游检查井井口时，试验水头应以上游检查井井口高度为准。无压管道闭水试验装置示意图如图 3.54 所示。

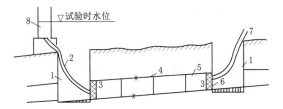

图 3.54　无压管道闭水试验装置示意图
1—检查井；3—堵头；4—接口；5—试验臂段；
6—闸门；2、7—腔管；8—水筒

（3）试验管段灌满水后浸泡时间不小于 24h。当试验水头达到规定水头时，开始计时，观测管道的渗水量，观测时间不少于 30min，期间应不断向试验管段补水，以保持试验水头恒定。实测渗水量应符合表 3.24 规定。

表 3.24　　　　　　　　　　　　无压管道严密性试验允许渗水量

管道内径/mm	允许渗水量/[m³/(24h·km)]	管道内径/mm	允许渗水量/[m³/(24h·km)]	管道内径/mm	允许渗水量/[m³/(24h·km)]
200	17.60	900	37.50	1600	50.00
300	21.62	1000	39.52	1700	51.50
400	25.00	1100	41.45	1800	53.00
500	27.95	1200	43.30	1900	54.48
600	30.60	1300	45.00	2000	55.90
700	33.00	1400	46.70		
800	35.35	1500	48.40		

3.4.3　给水管道的冲洗与消毒

给水管道试验合格后，竣工验收前应进行冲洗、消毒，使管道出水符合《生活饮用水的水质标准》（DB4403/T 60—2020），经验收合格后交付使用。

1. 管道冲洗

（1）放水口。管道冲洗主要是将管内杂物全部冲洗干净，使排出水的水质与自来水状态一致。在没有达到上述水质要求时，这部分冲洗水要有放水口（图 3.55），可排至附近河道、排水管道。排水时应取得有关单位协助，确保安全排放、畅通。

安装放水口时，其冲洗管接口应严密，并设有插盘短管、闸阀、排气管和放水龙头，如图 3.45 所示。弯头处应进行临时加固。

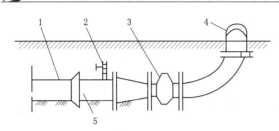

图 3.55　放水口

1—管道；2—排气管；3—闸阀；4—放水龙头；
5—插盘短管

冲洗水管可比被冲洗的水管管径小，但断面不应小于 1/2。冲洗水的流速宜大于 0.7m/s。管径较大时，所需用的冲洗水量较大，可在夜间进行冲洗；以不影响周围的正常用水。

（2）冲洗步骤及注意事项。

1）准备工作。会同自来水管理部门，商定冲洗方案，如冲洗水量、冲洗时间、排水路线和安全措施等。

2）冲洗时应避开用水高峰，以流速不小于 1.0m/s 的冲洗水连续冲洗。

3）冲洗时应保证排水管路畅通安全。

4）开闸冲洗放水时，先开出水闸阀再开来水闸阀；注意排气，并派专人监护放水路线；发现情况及时处理。

5）检查放水口水质。观察放水口水的外观，至水质外观澄清，化验合格为止。

6）关闭闸阀。放水后尽量使来水闸阀、出水闸阀同时关闭。如做不到，可先关闭出水闸阀，但留几扣暂不关死，等来水阀关闭后，再将出水阀关闭。

7）放水完毕，管内存水 24h 以后再化验为宜，合格后即可交付使用。

2. 管道消毒

管道消毒的目的是消灭新安装管道内的细菌，使水质不致污染。消毒液通常采用漂白粉溶液，注入被消毒的管段内。灌注时可少许开启来水闸阀和出水闸阀，使清水带着漂白液流经全部管段，从放水口检验出高浓度氯水为止，然后关闭所有闸阀，使含氯水浸泡 24h 为宜。氯浓度为 26～30mg/L。每 100mm 管道消毒所需漂白粉耗用量可参照表 3.25 选用。

表 3.25　　　　　　　　　每 100mm 管道消毒所需漂白粉耗用量

管径/mm	100	150	200	250	300	400	500	600	800	1000
漂白粉/kg	0.13	0.28	0.5	0.79	1.13	2.01	3.14	4.53	8.05	12.57

注　1. 漂白粉含氯量以 25% 计。

　　2. 漂白粉溶解率以 75% 计。

　　3. 水中含氯浓度 30mg/L。

3.4.4　给排水管道工程的质量检验与验收

工程验收是检验工程质量必不可少的一道程序，也是保证工程质量的一项重要措施。当质量不符合规定时，可在验收中发现和处理，并避免影响使用和增加维修费用，为此，必须严格执行工程验收制度。

给水排水管道工程验收分为中间验收和竣工验收，中间验收主要是验收埋在地下的隐蔽工程，凡是在竣工验收前被隐蔽的工程项目，都必须进行中间验收，并对前一工序验收合格后，方可进行下一工序，当隐蔽工程全部验收合格后，方可回填沟槽。竣工验收是全面检验给水排水管道工程是否符合工程质量标准，它不仅要查出工程的质量结果怎样，更重要的还应该找出产生质量问题的原因，对不符合质量标准的工程项目必须经过整修，甚至返工，经验收达到质量标准后，方可投入使用。

地下给水排水管道工程属隐蔽工程。给水管道的施工与验收应严格按国家颁发的《给水排水管道工程施工及验收规范》（GB 50268—2008）、《工业金属管道工程施工及验收规范》（GB 50235—2010）、《室外硬聚氯乙烯给水管道工程施工及验收规程》（CECS 18—1990）进行施工及验收。

给水排水管道工程竣工后，应分段进行工程质量检查。质量检查的内容包括：

（1）外观检查。对管道基础、管座、管子接口、节点、检查井、支墩及其他附属构筑物进行检查。

（2）断面检查。断面检查是对管子的高程、中线和坡度进行复测检查。

（3）接口严密性检查。对给水管道一般进行水压试验，排水管道一般作闭水试验。生活饮用水管道还必须进行水质检查。给水排水管道工程竣工后，施工单位应提交下列文件：①施工设计图并附设计变更图和施工洽商记录；②管道及构筑物的地基及基础工程记录；③材料、制品和设备的出厂合格证或试验记录；④管道支墩、支架、防腐等工程记录；⑤管道系统的标高和坡度测量的记录；⑥隐蔽工程验收记录及有关资料；⑦管道系统的试压记录、闭水试验记录；⑧给水管道通水冲洗记录；⑨生活饮用水管道的消毒通水，消毒后的水质化验记录；⑩竣工后管道平面图、纵断面图及管件结合图等；⑪有关施工情况的说明。

第4章

降 排 水 施 工

4.1 施 工 降 排 水

4.1.1 施工降排水的概述

　　施工排水是将施工期间有碍施工作业和影响工程质量的水，排到施工场地以外，包括排除雨水、地表水和地下水。雨季施工时，地表水易流入基坑内，应做好地面雨水的导排工作，防止作业井或作业槽内雨水流入；地下水位较高地段，需做好排水疏导工作，防止作业井或作业槽内水量囤积。为了保证施工的正常进行，防止边坡坍塌和地基承载力下降，必须做好施工基坑的降排水工作。

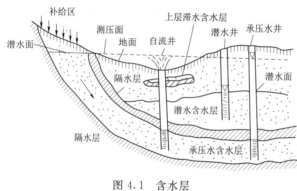

图 4.1 含水层

　　地下水主要以水汽、结合水和自由水三种状态存在于地下含水层中，如图 4.1 所示。结合水没有出水性，自由水又分为潜水和承压水两种。

　　潜水是指存在于地表之下、第一个稳定隔水层顶板以上的地下自由水，有一个自由水面，其水面受当地地质、气候及环境的影响。承压水亦称层间水，埋藏于两个隔水层之间的地下自由水，承压水有稳定的隔水层顶板，水体承受压力，没有自由水面。

4.1.2 施工降排水基本要求

　　(1) 对有地下水影响的土方施工：①降排水量计算；②降排水方法的选定；③排水系统的平面和竖向布置，观察系统的平面布置，设计抽水机械的型号和数量；④降水井的构造，井点系统的组合与构造，排放管渠的构造、断面和坡度；⑤电渗排水所采用的设施及电极；⑥沿地下和地上管线、周边构 (建) 筑物的保护和施工安全措施。

　　(2) 设计降水深度在基坑 (槽) 范围内，不应小于基坑 (槽) 底面以下 0.5m。

　　(3) 降水井的平面布置：①根据沟槽两侧地形条件及排水量，确定采用单排或双排降水井，计算排水量，并在沟槽端部降水井外延长度应为沟槽宽度的 1～2 倍；②在地下水补给方向可加密，在地下水排泄方向可减少。

　　(4) 必要时应进行现场抽水试验，以验证、完善降排水方案。

　　(5) 采取明沟排水施工时，排水井宜布置在沟槽范围以外，其间距不宜大于 150m。

（6）终止抽水后，降水井及拔除井点管所留的孔洞，应及时用砂石等填实；地下静水位以上部分，可采用黏土填实。

（7）施工单位应采取有效措施控制施工降排水对周边环境的影响。

4.1.3　施工降排水方法

由于地形、地貌、水文、气象、地质及周围的环境等不同，施工排、降水也有所不同，一般根据地质情况、土层渗透系数、坑（槽）的深度、占地面积等选择适当有效的排（降）水方法。

常用的施工排、降水的方法为明沟排水和人工降低地下水位。明沟排水是在沟槽或基坑开挖时，在其周围筑堤截水或在其内底四周或中央开挖排水沟，将地下水或地表水汇集到集水井内，然后用水泵抽走。人工降低地下水位是在沟槽或基坑开挖之前，预先在基坑周边埋设一定数量的井点管，利用抽水设备将地下水位降至基坑底面线以下，形成干槽施工条件。

4.1.4　施工降排水目的

降排水工程包括雨水在内的地表水和施工现场的地下水等。

在开挖基坑或沟槽时，遇到砂性土、粉土和黏性土，由于地下水渗出，会产生流沙、塌方、管涌、土体变松等现象，以及地表水流入坑（槽）内，这些都会导致坑（槽）内施工条件恶化。严重时会使地基土承载力下降，最终导致排水管道、新建的构筑物及附近已建构筑物遭到破坏。因此，施工排、降水是排水工程的关键工作，特别是对于某些深埋工程（如沉井等），其工程的成败及施工质量，往往取决于施工排、降水措施的正确与否。

施工排、降水目的为：①排除施工范围内影响施工的降雨积水及其地表水；②将地下水水位降低，疏干至槽底以下；③稳定构筑物施工的基坑坑壁、边坡，防止滑坡、塌方，影响地基的承载力；④稳定基坑坑底，防止坑底隆起，防止坑底被水浸泡而影响地基的承载力；⑤防止产生流砂、管涌等危害。

4.2　明　沟　排　水

4.2.1　明沟排水原理

明沟排水是将从槽壁、槽底渗入沟槽内的地下水及流入沟槽内的地表水和雨水，经沟槽内排水沟汇集到集水井，然后用水泵抽走的方法。

明沟排水通常是当沟槽开挖到接近地下水位时，修建集水井并安装排水泵，然后继续开挖沟槽至地下水位后，先在沟槽中心线处开挖排水沟，使地下水不断渗入排水沟后，再开挖排水沟两侧土，如此一层一层地反复下挖，地下水便不断地由排水沟流至集水井，当挖深接近槽底设计标高时，将排水沟移置在槽底两侧或一侧。

4.2.2　明沟排水涌水量计算

明沟排水采用的主要设备有离心泵、潜水泵及潜污泵，为了合理地选择水泵型号，应对总涌水量进行计算。

地下水渗入基坑的涌水量与土的种类、渗透系数、水头大小、坑底面积等有关，可通过抽水试验确定或经验公式估算，也可按大口井法进行计算。

流入基坑的涌水量 $Q(\mathrm{m^3/d})$ 为从四周坑壁和坑底流入的水量之和，一般可按下式计算：

$$Q=\frac{1.366KS(2H-S)}{\lg R-\lg r_0}+\frac{6.28KSr_0}{1.57+\dfrac{r_0}{m_0}\left(1+1.185\lg\dfrac{R}{4m_0}\right)} \tag{4.1}$$

式中　K——土层的渗透系数，m/d，可由表4.1查取；

S——抽水时坑内水位下降值，m；

H——抽水前坑底以上的水位高度，m；

R——抽水影响半径，m，可按表4.2选取；

m_0——从坑底至不透水层的距离，m；

r_0——假想半径，m，对于矩形基坑，$r_0=\eta(a+b)/4$。

对于不规则基坑，$a/b<2\sim3$ 时，$r_0=0.565A$；$a/b>2\sim3$ 时，$r_0=U/\pi$。

式中　a、b——基坑边长，m；

U——基坑周长，m；

A——基坑面积，$\mathrm{m^2}$；

η——系数，由表4.3查取。

表 4.1　　　　　　　　　　　　土层渗透系数经验值

地层	地层颗粒		渗透系数 /(m/d)	地层	地层颗粒		渗透系数 /(m/d)
	粒径 /mm	所占重量 /%			粒径 /mm	所占重量 /%	
黏土	<0.002	>50	<0.005	粗砂	0.5~1.0	>50	25~50
重亚黏土			0.005~0.050	极粗砂	1~2	>50	50~100
轻亚黏土			0.05~0.10	砾石夹砂	砂砾石		75~150
粉质黏土			0.10~0.25	带粗砂砾石			100~200
黄土			0.25~0.50	漂砾石			200~500
粉土质砂			0.5~1.0	圆砾大漂石			500~1000
粉砂	0.05~0.10	70以下	1~5	均质中砂			35~50
细砂	0.10~0.25	>70	5~10	均质粗砂			60~75
中砂	0.25~0.50	>50	10~25	卵石	3~70		100~500

当含水层为非均质土层时，应采取分土层渗透系数加权平均计算，公式如下：

$$K=\frac{\sum k_i h_i}{\sum h_i} \tag{4.2}$$

式中　k_i、h_i——各土层的渗透系数，m/d，各土层的厚度，m。

表 4.2　　　　　　　　　　　　抽水影响半径 R 值

土的种类	极细砂	细砂	中砂	粗砂	极粗砂	小砾石	中砾石	大砾石
粒径/mm	0.05~0.10	0.10~0.25	0.25~0.50	0.5~1.0	1.0~2.0	2.0~3.0	3.0~5.0	5.0~10.0
所占质量/%	<70	>70	>50	>50	>50	—	—	—
R/m	25~50	50~100	100~200	200~400	400~500	500~600	600~1500	1500~3000

表 4.3			系　数　η　值			
b/a	0	0.2	0.4	0.6	0.8	1
η	1	1.12	1.14	1.16	1.18	1.18

4.2.3 明沟排水施工

明沟排水按施工方式分为普通明沟排水和分层明沟排水。

1. 普通明沟排水

这种排水方法在开挖基坑的一侧、两侧、四侧或在基坑中部设置排水明（边）沟，在四角或每隔 30～40m 设一集水井，使地下水汇集于集水井内，再用水泵将地下水排出基坑外，如图 4.2 所示。

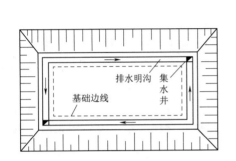
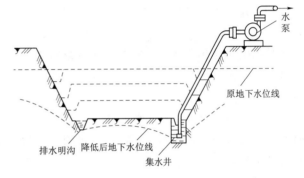

图 4.2　普通明沟排水方法

施工时，排水沟的开挖断面应根据地下水量及沟槽的大小来决定，通常排水沟的底宽不小于 0.3m，排水沟深应大于 0.3m，排水沟的纵向坡度不应小于 3‰～5‰，且坡向集水井。若在稳定性较差的土壤中施工，可在排水沟内埋设多孔排水管，并在其周围铺卵石或碎石加固；亦可在排水沟内埋设管径为 150～200mm 的排水管，排水管接口处留有一定缝隙，排水管两侧和上部也用卵石或碎石加固；或在排水沟内设板框、荆笆等支撑。

集水井是设置在排水沟一定位置上的汇水坑，为使沟槽底部土层免遭破坏，通常将集水井设在基础范围以外，距沟槽底外 1～2m 处，最好设在地下水汇集较多的一侧。

集水井的横断面多为圆形或方形，其直径或宽度，一般为 0.7～0.8m。集水井底与排水沟底应有一定的高差：在开挖过程中，集水井底应始终低于排水沟底 0.7～1.0m；当沟槽挖至设计标高后，集水井底应低于排水沟底 1～2m。

集水井的间距应根据土质、地下水量、井的尺寸及水泵的抽水能力等因素确定，一般每隔 50～150m 设置一个集水井。

集水井通常采用人工开挖，为防止开挖时或开挖后井壁塌方，需进行加固。在土质较好、地下水量不大的情况下，采用木框加固，井底需铺垫约 0.3m 厚卵石或碎石的反滤层，以免从井底涌入大量泥砂造成集水井周围地面塌陷；在土质（如粉土、砂土、砂质粉土）较差、地下水量较大的情况下，通常采用板桩加固，即先打入板桩加固，板桩绕井一圈，板桩深至井底以下约 0.5m。也可以采用混凝土管集水井，采用沉井法或水射振动法施工，井底标高在槽底以下 1.5～2.0m，为防止井底出现管涌，可用卵石或碎

石封底。

为保证集水井附近的槽底稳定，集水井与槽底应有一定间距，沟槽与集水井间设一进水口，进水口的宽度一般为 $1.0\sim1.2m$。为防止水流对集水井的冲刷，进水口的两侧采用木板、竹板或板桩加固。排水沟、进水口需要经常疏通，集水井需要经常清除井底的积泥，保持必要的存水深度，以保证水泵的正常工作。

2. 分层明沟排水

当基坑开挖土层由多种土层组成，中间夹有透水性强的砂土时，为防止上升地下水冲刷基坑下坡时，应在基坑边坡上分层设置明沟及相应的集水井。适用于深度大、地下水位高、上部渗透性强的基坑排水。

4.2.4 明沟排水设备选择

明沟排水常用的水泵有离心泵、潜水泵和潜污泵。

1. 离心泵

根据流量和扬程选型，安装时应注意吸水管接头不漏气及吸水头部至少沉入水面以下 $0.5m$，以免吸入空气，影响水泵的正常使用。

2. 潜水泵

这种泵具有整体性好、体积小、重量轻、移动方便及开泵时不需灌水等优点，在施工排水中广泛应用。使用时，应注意不得脱水空转，也不得抽升含泥砂量过大的泥浆水，以免烧坏电机。

3. 潜污泵

潜污泵的泵与电动机连成一体潜入水中工作，由水泵、三相异步电动机、橡胶圈和电器保护装置四部分组成。该泵的叶轮前部装有一搅拌叶轮，它可将作业面下的泥沙等杂质搅起抽吸排送。

明沟排水是一种常用的简易的降水方法，适用于槽内少量的地下水、地表水和雨水的排除。对软土、淤泥层或土层中含有细砂、粉砂的地段以及地下水量较大的地段均不宜采用。

4.3 人工降低地下水位

在地下水位较高、土质较差等情况下，如果基坑开挖的深度较大时，可利用真空原理排除土中的自由水，从而达到降低地下水位，疏干土中含水的目的。人工降低地下水位法也称为井点降水法。

根据土层的渗透系数、降低水位的深度和工程特点等因素，人工降低地下水位法分为轻型井点及管井类。同时，轻型井点又有一级轻型井点、多级轻型井点、喷射井点、电渗井点等，管井类又可分为管井井点和深井井点等。各种井点降水方法的适用范围见表4.4。

4.3.1 轻型井点降水的组成

轻型井点系统由井管、滤管、弯联管、集水总管和抽水设备组成，如图4.3所示。

表 4.4		各种井点降水方法的适用范围	
井 点 类 别		土层的渗透系数/(m/d)	降水深度/m
轻型井点	一级轻型井点	0.1～50	3～6
	多级轻型井点	0.1～50	视井点级数而定
	喷射井点	0.1～50	8～20
	电渗井点	<0.1	视井点级数而定
管井类	管井井点	20～200	3～5
	深井井点	10～250	>15

1. 井点管和滤管

井点管长度为 6～9m，用直径 38～55mm 钢管制成（也可采用 PVC 管制成），由整根或分节组成。井点管上端与弯联管和总管相连，下段为滤管。

滤管是井水设备，构造是否合理对抽水效果影响很大。滤管长度视井点管的长度而定，对于轻型井点降水一般为 0.9～1.7m。管壁直径为 12～18mm，呈梅花形布置的小孔，外包粗、细两层滤网。为避免滤孔淤塞，在管壁与滤网间用塑料管或铁丝绕成螺旋状隔开，滤网外面再围一层粗铁丝保护层。滤管下端装有堵头，上端同井点管相连。滤管下端应堵封，最下端也可安装沉砂管，使地下水中夹带的砂粒沉积在沉砂管内，如图 4.4 所示。

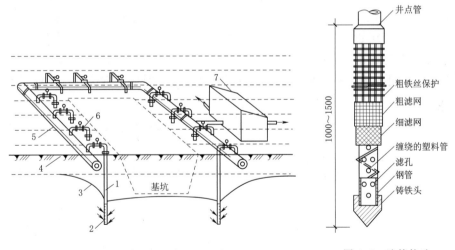

图 4.3　轻型井点降水系统图
1—井管；2—滤管；3—降低地下水位线；4—原地下水位；
5—集水总管；6—弯联管；7—泵房

图 4.4　滤管构造

2. 弯联管

弯联管是连接井点直管与总管之间的短管。常用的材料为橡胶管，每节长约 600mm，弯联管内径与井点直管、总管的外径相同，用钢丝拧紧、固定。

3. 集水总管

集水总管直径为 100～127mm 的无缝钢管，每段长 4m，其上装有与井点管连接的短管接头，间距 0.8~1.2m。总管与泵房应设置一定的坡度，便于水力流动。

4. 抽水设备

轻型井点采用的抽水设备为真空泵，常用的有卧式柱塞往复式真空泵、射流式真空泵等。

（1）卧式柱塞往复式真空泵。该泵排气量较大，真空度较高，降水效果好，但设备庞大，且为气水分离的干式泵，因此操作、保养、维修较难。

（2）射流式真空泵。射流式真空泵工作原理是利用离心泵从水箱抽水，高压水通过射流器加速产生负压，使地下水经井点管进入射流器，一部分水维持射流器工作，另一部分水经水管排除，如图 4.5 所示。

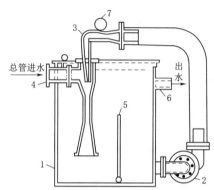

图 4.5　射流式真空泵井点系统示意图
1—水箱；2—加压泵；3—射流器；4—总管；
5—隔板；6—出水口；7—压力表

4.3.2　涌水量计算

设计井点管数量时，需要确定井点系统的涌水量。井点系统的涌水量按水井理论进行计算。根据地下水有无压力，水井分为无压井和承压井。当水井布置在具有潜水自由面的含水层中时（即地下水面为自由水面），称为无压井；当水井布置在承压含水层中时（含水层中的地下水充满在两层不透水层间、含水层中的地下水水面具有一定水压），称为承压井。当水井底部达到不透水层时称完整井，否则为非完整井。

1. 群井涌水量计算

把各井点管组成的群井系统视为一大口井，设该井为圆形，则群井系统的涌水量计算公式如下：

$$Q=\pi K\frac{H^2-l'^2}{\ln R'-\ln x_0}\quad 或\quad Q=1.364K\frac{H^2-l'^2}{\lg R'-\lg x_0} \tag{4.3}$$

式中　R'——群井降水影响半径，m；

　　　x_0——由井点管围成的大圆井半径，m；

　　　l'——井点管中水深，m。

假设在群井抽水时，每一井点管（视为单井）在大圆井外侧的影响范围不变，仍为 R，则有 $R'=R+x_0$；设 $S=H-l$，式（4.3）推导为式（4.4）：

$$Q=\pi K\frac{(2H-S)S}{\ln(R'+x_0)-\ln x_0}\quad 或\quad Q=1.364K\frac{(2H-S)S}{\lg(R'+x_0)-\lg x_0} \tag{4.4}$$

式（4.4）为实际应用的群井系统涌水量计算公式。

上述两式运用于无压完整单井或群井涌水量计算时，对承压完整井可通过类似的推导求得

单井　　　　　$$Q=2\pi\frac{KMS}{\ln R-\ln r}\quad 或\quad Q=2.73\frac{KMS}{\lg R-\lg r} \tag{4.5}$$

群井　　　　　$$Q=2\pi\frac{KMS}{\ln(R+x_0)-\ln x_0}\quad 或\quad Q=2.73\frac{KMS}{\lg(R+x_0)-\lg x_0} \tag{4.6}$$

式中　M——含水层厚度，m；

其他符号含义同前。

在实际工程中，往往会遇到无压非完整井的井点系统。这时地下水不仅从井面流入，还从井底渗入。因此涌水量要大于完整井。为了简化计算，式中 H 换成有效含水深度 H_0，即：

$$Q=\pi K \frac{(2H_0-S)S}{\ln(R+x_0)-\ln x_0} \quad \text{或} \quad Q=1.364K \frac{(2H_0-S)S}{\lg(R+x_0)-\lg x_0} \qquad (4.7)$$

H_0 可查表 4.5，当算得的 H_0 大于实际含水层厚度 H 时，取 $H_0=H$；

表 4.5　　　　　　　　　　有效含水深度 H_0 值

$s/(s+l)$	0.2	0.3	0.5	0.8
H_0	$1.3\,(s+l)$	$1.5\,(s+l)$	$1.7\,(s+l)$	$1.8\,(s+l)$

注　$s/(s+l)$ 的中间值可采用插入法求 H_0。

表 4.5 中，s 为井点管内水位降落值（m），l 为滤管长度（m）。有效含水深度 H_0 的意义是：抽水时在 H_0 范围内受到抽水影响，而假设在 H_0 以下的水不受抽水影响，因而也可将 H_0 视为抽水影响深度。

2. 基坑形状

由于基坑大多不是圆形，当矩形基坑长宽比不大于 5 时，矩形布置的井点可近似作为圆形井来处理，并用面积相等原则确定，此时将近似圆的环形井点系统假想半径 x_0 作为矩形水井的假想半径。

$$x_0=\sqrt{\frac{F}{\pi}} \qquad (4.8)$$

式中　x_0——环形井点系统假想半径，m；

　　　F——环形井点所包围的面积，m^2。

3. 抽水影响半径

抽水影响半径与土层的渗透系数、含水层厚度、水位降低值及抽水时间等因素有关。在抽水 2～5 天后，水位降落漏斗渐趋稳定，此时抽水影响半径可近似地按下式计算：

$$R=1.95S\sqrt{HK} \qquad (4.9)$$

式中 S、H、K 符号含义同前。

4. 渗透系数 K 值

渗透系数 K 值对计算结果影响较大，K 值可通过现场抽水试验确定，对重大工程宜采用现场抽水试验以获得较准确的值。在现场设置一抽水孔，并在距抽水孔为 x_1、x_2 处设两个观测井（三者位于同一直线上），待抽水稳定后，测得 x_1、x_2 处观测孔中的水深 l_1、l_2，并由抽水孔中相应的抽水量 Q，可由下式计算求得：

$$K=\frac{Q(\ln x_2-\ln x_1)}{\pi(l_2^2-l_1^2)} \qquad (4.10)$$

5. 单根井管的最大出水量

单根井管的最大出水量由下式确定：

$$q = 65\pi dl \sqrt[3]{K} \tag{4.11}$$

式中　d——滤管直径，m；

其他符号含义同前。

6. 井点管最少数量

井点管最少数量由下式确定：

$$n' = \frac{Q}{q} \tag{4.12}$$

式中　n'——井点管最少根数；

其他符号含义同前。

7. 井点管最大间距

井点管最大间距由下式确定：

$$D' = \frac{L}{n'} \tag{4.13}$$

式中　D'——井点管最大间距，m；

L——基坑的长，m；

其他符号含义同前。

实际井点管间距 D 应当与总管上接头尺寸相适应，即尽可能采用 0.8m、1.2m、1.6m 或 2.0m，且 $D < D'$，这样实际井点数 $n > n'$，一般 n 应当超过 $1.1n'$，以防井点管堵塞等原因，影响抽水效果。

4.3.3　轻型井点设计

井点系统布置应根据水文地质资料、工程要求和设备条件等因素确定。一般要求掌握的水文地质资料有：地下水含水层厚度、承压或非承压水及地下水变化情况、土质、土的渗透系数、不透水层位置等，需了解基坑（槽）形状、大小及深度等，此外尚应了解设备条件，如井管长度、泵的抽吸能力等。

轻型井点布置包括平面布置与高程布置。平面布置即确定井点布置的形式，总管长度、井点管数量、水泵数量及位置等；高程布置则确定井点管的埋置深度。

1. 平面布置

根据基坑（槽）形状，轻型井点可采用单排布置，适用于基坑、槽宽度小于 6m，且降水深度不超过 5m，如图 4.6（a）所示；轻型井点也可采用双排布置，适用于基坑宽度大于 6m 或土质不良情况，尤其适用于大面积基坑，如图 4.6（b）所示；环形布置，如图 4.6（c）所示；当上方施工机械需进出基坑时，也可采用 U 形布置，如图 4.6（d）所示。如采用 U 形布置，则井点管不封闭宜设在地下水下游方向。

2. 高程布置

井点管的入土深度应根据降水深度、储水层所处位置、集水总管的高程等因素决定，须将滤管埋入储水层内，并且比所挖基坑或沟槽底深 0.9~1.2m。集水总管标高应尽量接近地下水位线，并沿抽水流方向有 0.25%~0.5% 的上仰坡度，水泵轴心与总管齐平。井点管埋深可按下式计算：

$$H' = H_1 + \Delta h + iL + l \tag{4.14}$$

式中　H'——井点管埋设深度，m；

　　　H_1——井点管埋设面至基坑底面的距离，m；

　　　Δh——降水后地下水位至基坑底面的安全距离，m，一般取 0.5～1.0m；

　　　i——水力坡度，与土层渗透系数、地下水流量等因素有关，环状或双排井点可取 1/10～1/15，单排线状井点可取 1/4，环状井点外取 1/8～1/10；

　　　L——井点管至水井中心的水平距离，m；

　　　l——滤管长度，m。

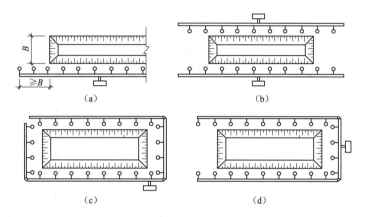

图 4.6　轻型井点的平面布置

(a) 单排布置；(b) 双排布置；(c) 环形布置；(d) U 形布置

轻型井点的降水深度一般不宜超过 6m，如果求得 H 值大于 6m，则应降低井点管和抽水设备的埋置深度。如仍不能达到对降水深度的要求时，可采用 2 级井点或多级井点，以降低地下水位。

4.3.4　轻型井点施工

轻型井点施工包括以下几个阶段：准备工作、井点系统埋设、井点管使用及拆除。

1. 准备工作

准备工作包括井点设备、动力、水源及必要材料的准备，排水沟的开挖，附近建筑物的标高观测以及防止附近建筑物沉降措施。

2. 井点系统埋设

井点系统埋设是先排放总管、再埋设井点管，用弯联管将井点与总管接通，然后安装抽水设备。

(1) 射水法。在地面井点位置先挖一小坑，装吊射水式井点管，垂直插入坑中心，下有射水球阀，上接可旋转节管和高压胶管、水泵等。利用高压水在井管下端冲刷土层，使井管下沉，利用下端的锯齿形，在下沉时可同时转动管子以增加下沉速度，同时避免射水口被泥淤塞。射水压力一般为 0.4～0.6MPa，当为大颗砂粒时应在 0.9～1.0MPa。井管沉至设计深度后，取下软管，再与集水总管连接，抽水时球阀可自动关闭。冲孔直径不小于 300m，冲孔深度应比滤水管深 0.5m 左右，以利沉泥，井管与孔壁之间及时用洁净粗砂灌实，井点管位于滤砂中间。灌砂时管内平面应同时上升，否则可注水于管内，水如很快下降，则认为埋管合格，良好的砂井是保证埋管质量的关键，如图 4.7 所示。

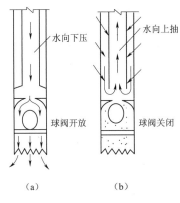

图 4.7　射水式井点管示意图
(a) 射水时阀门位置；
(b) 抽水时阀门位置

（2）冲孔。冲孔时，先用起重设备将冲管吊起并插在井点的位置上，开动高压水泵，将土冲松，冲管则边冲边沉。冲孔直径一般为 300mm，以保证井管四周有一定厚度的砂滤层，冲孔深度宜比滤管底深 0.5m 左右，以防冲管拔出时，部分土颗粒沉于底部而触及滤管底部。

井孔冲成后，立即拔出冲管，插入井点管，并在井点管与孔壁之间迅速填灌砂滤层，以防孔壁塌土。砂滤层的填灌质量是保证轻型井点顺利抽水的关键。一般宜选用干净粗砂，填灌均匀，并填至滤管顶上 1～1.5m，以保证水流畅通。井点填砂后，需用黏土封口，以防漏气。

（3）套管法。用直径 150～200mm 的套管，采用水冲法或振动水冲法将套管沉至要求深度后，在孔底填一层砂砾，然后将井点管居中插入，套管与井点管之间分层填入粗砂，并逐步拔出套管。

所有井点管在地面以下 0.5～1.0m 的深度内应用黏土填实，以防止漏气。井点管埋设完毕后，应接通总管与抽水设备进行试抽水，检查有无漏水、漏气，出水是否正常，有无淤塞等现象，如有异常情况，应检修好后方可使用。

3. 井点管使用及拆除

井点管使用时，应保证连续不断地抽水，并准备双电源，正常出水规律是"先大后小、先混后清"。如不上水，或水一直较浑，或呈现清后又浑等情况，应立即检查纠正。井点管淤塞，可通过听管内水流声，手扶管壁感受振动，夏冬时期手摸管子冷热及潮干情况等简便方法进行检查。如井点管淤塞太多，严重影响降水效果时，应逐个用高压水反复冲洗井点管或拔出重新埋设。

待工程管道安装并实施回填土后，方可拆除井点系统。井点系统的拔出可借助于倒链、杠杆式起重机，所留孔洞用砂或土填塞。

井点降水时，应对水位降低区域内的建筑物进行沉陷观测，发现沉陷或水平位移过大时，应及时采取防护措施。

第5章

室外管道不开槽施工

5.1 顶 管 施 工

5.1.1 概述

1. 施工原理

顶管施工就是在工作井内借助于顶进设备产生的顶力，克服管道与周围土壤的摩擦力，将管道按设计的坡度顶入土中，并将土方运走，一节管子完成顶入土层之后，再下第二节管子继续顶进。其原理是借助于主顶油缸及管道间、中继间等推力，把工具管或掘进机从工作井内穿过土层一直推进到接收井内吊起。管道紧随工具管或掘进机后，埋设在两井之间。

施工基本程序：敷设管道前，事先在管端的一端建造一个工作井（也称工作坑、竖井等）及接收井，作为一段顶管的起点和终点；在工作井内设置支座和液压千斤顶，工作井中有一面或两面井壁设有预留孔，作为顶管出口，其对面井壁是承压壁，承压壁前侧安装有顶管的千斤顶和承压垫板（即钢后常）；千斤顶将工具管顶出工作井预留孔，而后以工具管为先导，逐节将预制管节按设计轴线顶入土层中，直至工具管后第一节管节进入接收井预留孔，完成该段管道施工。为了完成较长距离的顶管施工，可在管线中间设置一个或若干个中继间，作为接力顶进，并在管道外壁注入润滑泥浆。

顶管施工可用于直线或曲线管道，在进行管道顶进的同时开挖地层、并完成接成管道的埋设。顶管施工示意图如图 5.1 所示。

2. 施工分类

（1）按管道口径划分。按管道口径大小分为大口径、中口径、小口径和微型顶管，大口径多指管径在 2m 以上的顶管，人可以在其中直立行走；中口径多指管径在 1.2～1.8m 之间的顶管，人在其中需弯腰行走；小口径多指管径在 0.5～1m 之间的顶管，人只能在其中爬行，有时甚至爬行都比较困难；微型多指管径在 400mm 以下的顶管，最小的只有 75mm。常见顶管为中口径顶管。

（2）按一次顶进长度划分。按一次顶进长度（顶进工作井和接收井之间的距离）分为普通距离顶管和长距离顶管。顶进距离长短的划分目前尚无明确规定，多指小于 500m 的顶管称为普通距离顶管，不小于 500m 的顶管称为长距离顶管。

（3）按顶管机的类型划分。按顶管机的类型分为手掘式人工顶管和机械顶管。机械顶管按照土体平衡方式不同，采用泥水平衡式顶管施工和土压平衡式顶管施工。

（4）按管材划分。按管材分为钢筋混凝土顶管、钢管顶管以及其他管材的顶管。

（5）按管线轨迹划分。按管线轨迹的曲直分为直线顶管和曲线顶管。

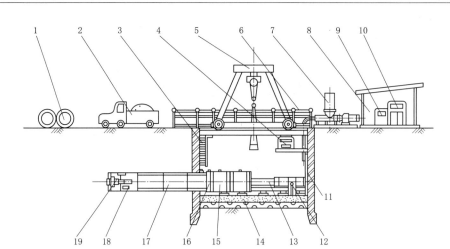

图 5.1　顶管施工示意图

1—预制的混凝土管；2—运输车；3—扶梯；4—主顶油泵；5—行车；6—安全护栏；7—润滑注浆系统；
8—操纵房；9—配电系统；10—操纵系统；11—后座；12—测量系统；13—主顶油缸；14—导轨；
15—弧形顶铁；16—环形顶铁；17—已顶入的混凝土管；18—运土车；19—机头

3. 施工形式

（1）手掘式人工顶管。手掘式人工顶管是最早发展起来的一种顶管施工方式。该方法适用于地下水位以上的软土地层或强风化岩地层中，若在特定的地质条件下需借助一定的辅助措施。顶进管径应大于 800mm，否则不便于人员进出，顶进距离也不宜过长。该方法具有施工操作简便、设备少、施工成本低等优点，至今仍被许多施工单位采用。

人工顶管施工系统包括千斤顶、顶铁、后靠背、导轨、顶管的管节等。在顶管的前端装有工具管，施工时，采用手工的方法来破碎工作面的土层，破碎辅助工具主要有镐、揪以及冲击锤等。若在含水量较大的砂土中，需采用降水等辅助措施。手掘式人工顶管施工示意图如图 5.2 所示。

（2）机械式顶管施工。机械式顶管施工可有效地保护挖掘面的稳定，对周围土体扰动性较小，引起地面沉降危险较小。常用的机械式顶管施工有泥水平衡式顶管施工和土压平衡式顶管施工。

1）泥水平衡式顶管施工。泥水平衡式顶管施工是机械顶管施工中最常见的一种，施工示意图如图 5.3 所示。该施工方法的优点：工作井内作业环境好且安全；可连续出土；施工速度快；可保持挖掘面的稳定，对周围土层影响较小，地面变形小，适宜较长距离顶管施工。该施工方法的缺点：施工场地大，设备费用高，需在地面设置泥水处理、输送装置；机械设备复杂，各系统间相互连锁，一旦某一系统出现故障，必须全面停止施工。

泥水平衡式顶管适应的地层土质范围更广，如高水位软土地层、淤泥质土、黏土层、粉土层、中粗砂层及软岩地层，尤其适用于施工难度极大的粉砂质地层中。

该施工系统由顶管机、进排泥系统、泥水处理系统、主顶系统、测量系统、起吊系统、供电系统等组成，与其他顶管施工相比，增加了进排泥和泥水处理系统。施工过程中，主顶千斤顶推动管道向前进，通过顶管机的刀盘切削土体。切削下来的土体挤压至泥

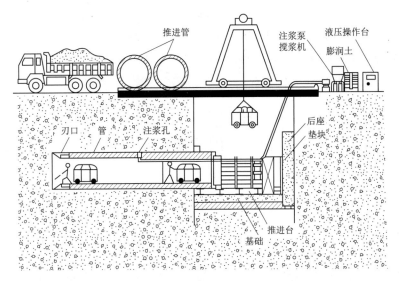

图 5.2 手掘式人工顶管施工示意图

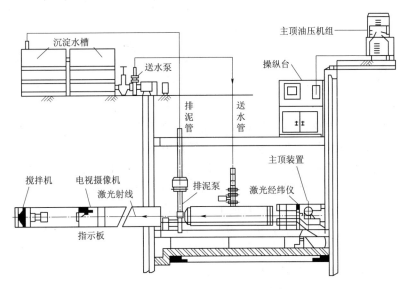

图 5.3 泥水平衡式顶管施工示意图

土仓内，由刀盘的转动搅拌均匀进入泥水仓，并与进浆管送入的泥浆搅拌成浓状泥浆，再通过排浆管道将浓泥浆排出机头。

2）土压平衡式顶管施工。土压平衡式顶管施工利用安装在顶管机最前面的全断面切削刀盘，将正面土体切削下来进入刀盘后面的贮留密封舱内，并使舱内具有适当压力与开挖面水土压力平衡，以减少顶管推进对地层土体的扰动，从而控制地表沉降，在出土时由安装在密封舱下部的螺旋运输机连续地将土渣排出。

该施工利用带面板的刀盘切削、支承土体，对土体的扰动小，能使地表的沉降或隆起减小到最低限度；采用干式排土，废弃泥土处理方便，对环境影响和污染小；施工设备投入较少，施工方法简单，技术先进，经济合理；施工安全，速度快，工期短，质量好。该施工主要适用于饱和含水地层中的淤泥质黏土、黏土、粉砂土或砂性土，尤其适用于闹市区或在建筑群的地下管道顶管施工，也可穿越公路、铁路、河流等特殊地段的地下管道施工，具体如图 5.4 所示。

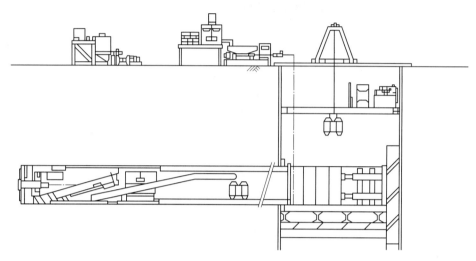

图 5.4　土压平衡式顶管施工示意图

5.1.2　施工准备及工作井

1. 施工方案的制订

在顶管施工前，应对施工地段的地形、地貌、工程地质、水文地质进行详细地勘探，认真分析施工地段具体情况，进而编制施工可行性方案。

重点掌握施工管段沿线的水文地质与工程地质资料、地下管线的交叉情况、地形与地貌、交通状况与水电供应等情况，顶进管道的管径、管材、埋深、接口、顶进与掘进设备等相关资料，确定施工方案，具体内容如下：①确定工作井的位置及尺寸，对其后背的结构进行计算；②确定掘进和出土方法、下管方法、工作平台的支搭形式；③选择顶进设备，是否采用长距离顶进措施及其增加顶进长度，并对顶力进行计算；④若有地下水时，采用具体降水措施；⑤工程质量和安全保障措施。

2. 工作井

（1）工作井布置。工作井是掘进顶管施工的工作场所，应根据地形、管道设计、地面障碍物等因素确定工作井的位置。布置原则：①有可利用的井壁原状土作后背；②尽量选择在管线上的附属构筑物，如检查井等；③便于排水、出土和运输，并具有堆放少量管材和暂存土的场地；④尽量远离建筑物；⑤单向顶进时，工作井宜设在下游一侧。

（2）工作井的种类及尺寸。工作井按管线施工方向，分为单向坑、双向坑、转向坑、多向坑、交汇坑、接收坑等，如图 5.5 所示。

（3）工作井尺寸。工作井应有足够的空间和工作面，不仅要考虑管道的下放、各种设备的进出、人员的上下以及坑内操作等必要的空间，还要考虑弃排土的位置等。因此，其平面形状多采用矩形，以此为例，工作井尺寸计算如下：

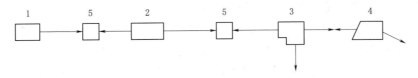

图 5.5 工作井分类

1—单向坑；2—双向坑；3—多向坑；4—转向坑；5—交汇坑

1）工作井宽度。工作井的宽度与管道的外径、坑深有关。对于较浅的坑，施工设备放在地面；对于较深的坑，施工设备都要放在井下。

浅工作井 $$B=D+S \qquad (5.1)$$

深工作井 $$B=3D+S \qquad (5.2)$$

式中 B——工作井底部宽度，m；

D——被顶进管道外径，m；

S——操作宽度，一般可取 2.4～3.2m。

2）工作井底部长度。

$$L=L_1+L_2+L_3+L_4+L_5 \qquad (5.3)$$

式中 L——工作井底部长度，m；

L_1——工具管长度，m，当采用第一节管道作为工具管时，钢筋混凝土管不宜小于 0.3m，钢管不宜小于 0.6m；

L_2——管节长度，m；

L_3——运土工作井长度，m；

L_4——千斤顶长度，m；

L_5——后背墙的厚度，m。

3）工作井深度。

$$H_1=h_1+h_2+h_3 \qquad (5.4)$$

$$H_2=h_1+h_3 \qquad (5.5)$$

式中 H_1——顶进坑地面至坑底的深度，m；

H_2——接受坑地面至坑底的深度，m；

h_1——地面至管道底部外缘的深度，m；

h_2——管道底部外缘至导轨底面的高度，m；

h_3——基础及其垫层的厚度，不应小于该处井室基础及垫层厚度，m。

（4）工作井基础。

1）施工方法。工作井施工常采用开槽法、沉井法和连续墙法等方法。

a. 开槽法。开槽法是最常用的施工方法。在土质较好、地下水位低于坑底、管道覆土厚度小于 2m 的地区，多采用开槽式工作井。

开槽法纵断面有直槽形、阶梯形等形状。根据施工要求，工作井最下部的井壁应为直壁，高度一般不少于 3m。如须开挖斜槽，则管道顶进方向的两端应为直壁。土质不稳定的工作井，井壁应加设支撑，撑杠到工作井底部的距离一般不小于 3.0m，工作井深度一般不超过 7.0m，以便于施工操作。当地下水位较高、地基土质为粉土或砂土时，为防止管涌，可采用围堰式工作井（即用木板桩或钢板桩以企口相接，形成圆形或矩形围堰），支撑工作井的井壁。

b. 沉井法。若在地下水位以下修建工作井时，如不能采取措施降低地下水位，可采用沉井法施工。

首先预制不小于工作井尺寸的钢筋混凝土井筒，然后在钢筋混凝土井筒内挖土，随着不断挖土，井筒靠自身的重力不断下沉，当下沉至需要的深度后，再用钢筋混凝土封底。在整个下沉的过程中，依靠井筒的阻挡作用，消除地下水对施工的影响。

c. 连续墙法。先钻深孔成槽，用泥浆护壁，然后放入钢筋网，浇筑混凝土时将泥浆挤出来形成连续墙段，再在井内挖土封底形成工作井。

连续墙法比沉井法工期短，造价低。

2）工作井基础。施工过程中，为了防止工作井地基沉降，导致管道顶进误差过大，在井底修筑基础或加固地基。基础的形式取决于井底土质、管节重量和地下水位等因素。一般有以下三种形式：

a. 土槽木枕基础。土槽木枕基础适用于土质较好，又无地下水的工作井。该基础施工操作简便、用料少，可在方木上直接铺设导轨，如图 5.6 所示。

b. 卵石木枕基础。卵石木枕基础适用于粉砂地基，可用于有少量地下水时的工作井。为了防止施工过程中扰动地基，可铺设 100～200mm 厚的卵石或级配砂石，并在其上安装木轨枕，铺设导轨，如图 5.7 所示。

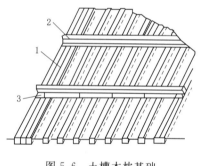 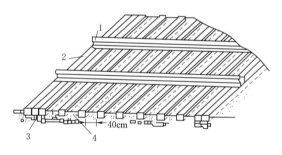

图 5.6　土槽木枕基础　　　　　　　　　图 5.7　卵石木枕基础

1—方木；2—导轨；3—道钉　　　　　1—导轨；2—方木；3—卵石基础；4—粗砂填缝

c. 混凝土木枕基础。适用于地下水位高、地基土质差的工作井。混凝土的强度等级不低于 C18 级，厚度为 20cm（不小于该处井室的基础加垫层厚度），浇注宽度需较枕木长 50cm，并在混凝土内部埋设 15cm×15cm 的方木作轨枕。该基础不扰动地基土，能承受较大的荷载，如图 5.8 所示。

（5）工作井施工方法。工作井施工中常用的方法有以下两种：

1）采用钢板桩或普通支撑用机械或人工在选定的地点，按设计尺寸挖成，坑底用混凝土铺设垫层和基础。

该方法适用于土质较好、地下水位埋深较大的情况，顶进后背支撑需要另外设置。

2）利用沉井技术将混凝土井壁下沉至设计高度，用混凝土封底。

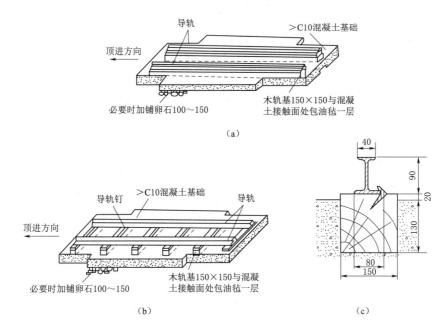

图 5.8 混凝土木枕基础（单位：mm）

(a) 纵铺混凝土轨枕基础；(b) 横铺混凝土轨枕基础；(c) 木轨枕卧入混凝土高度

该方法混凝土井壁既可以作为顶进后背支撑，又可以防止塌方。

不论上述哪种方法，当采用矩形工作井时，矩形工作井的四角应加斜撑；当采用永久性构筑物做工作井时，方可采用钢筋混凝土等结构，其结构应坚固、牢靠，能全面地抵抗土压力、地下水压力及顶进时的顶力。

3. 质量验收标准

（1）主控项目。

1）工程原材料、成品、半成品的产品质量应符合国家规定的相关标准和设计要求。

检查方法：检查产品质量合格证、出厂检验报告和进场复验报告。

2）工作井结构的强度、刚度和尺寸应满足设计要求、结构无滴漏和线流现象。

检查方法：观察并按有关规定逐座进行检查，检查施工记录。

3）混凝土结构的抗压强度等级、抗渗等级符合设计要求。

检查数量：每根钻孔灌柱桩、每幅地下连续墙混凝土为一个验收批，抗压强度、抗渗试块应各留置一组；沉井及其他现浇结构的同一配合比混凝土，每工作班且每浇筑 $100m^3$ 为一个验收批，抗压强度试块留置不应少于一组；每浇筑 $500m^3$ 混凝土抗渗试块留置不应少于一组。

检查方法：检查混凝土浇筑记录，检查试块的抗压强度、抗渗试验报告。

（2）一般项目。

1）结构无明显渗水和水珠现象。

检查方法：按有关规定逐座观察。

2）顶管（顶进工作井）、盾构（始发工作井）的后背墙应坚实、平整；后座与井壁后背墙联系紧密。

检查方法：逐个观察；检查相关施工记录。

3）两导轨应顺直、平行、等高，导轨与基座连接应牢固可靠，不得在使用中产生位移。

检查方法：逐个观察、量测。

4）工作井施工的允许偏差应符合表 5.1 的规定。

表 5.1　　　　　　　　　　　　　工作井施工的允许偏差

序号	检查项目		允许偏差/mm	检查数量		检查方法
				范围	点数	
1	井内导轨安装	顶面高程　顶管、夯管	+3.0	每座	每根导轨 2 点	用水准仪测量，水平尺量测
		中心水平位置　顶管、夯管	3		每根导轨 2 点	用经纬仪测量
		两轨间距　顶管、夯管	±2		2 个断面	用钢尺量测
2	井尺寸	矩形　每侧长、宽	不小于设计要求	每座	2 点	挂中线用尺量测
		圆形　半径				
3	进、出坑预留洞口	中心位置	20	每个	竖、水平各 1 点	用经纬仪测量
		内径尺寸	±20		垂直向各 1 点	用钢尺量测
4	坑地板高程		±30	每座	4 点	用水准仪测量
5	顶管、盾构工作井后背墙	垂直度	0.1%H	每座	1 点	用垂线、角尺量测
		水平扭转度	0.1%L			

注　L 为工作坑的底部长度，m；H 为顶进坑地面至坑底的深度，m。

5.1.3　顶管系统

1. 导轨

（1）导轨安装。导轨安装是顶管施工中的一项重要工作，安装的准确与否直接影响到管道的顶进质量，因此导轨宜选用钢质材料制作，并应有足够的刚度，其安装要求如下：①两导轨应平行、等高，或略高于该处管道的设计高程，其坡度应与管道坡度一致；②安装后的导轨应牢固，不得在使用中产生位移，并应经常检查校核。

（2）导轨安装间距计算。

1）两导轨间的净距。两导轨间的净距 A 可按下式计算：

$$A = \frac{2}{D-h+e} \tag{5.6}$$

式中　A——两导轨上部的净距，mm；

　　　D——管外径，mm；

　　　h——导轨高度，mm；

　　　e——管外底距枕木的距离（一般为 10～25mm）。

2）两导轨的中心距离。两导轨的中心距离 A_0 可按下式计算：

$$A_0 = A + a \tag{5.7}$$

式中　A_0——两导轨的中距，mm；

　　　a——导轨的上顶宽度，mm。

以上各符号含义如图 5.9 所示。

导轨安装完毕，按设计要求检查轨面高程及坡度，首节管道在导轨上稳定后，测量导轨承受荷载后的变化，并加以纠正，确保管道在导轨上不产生位移和偏差。

2. 后背及后背墙

后背是千斤顶与后背墙之间设置的受力构件，一般由横排方木、立铁和横铁构成，以减少对后座墙单位面积的压力，使其顶力均匀地传递给后背墙。千斤顶的支撑结构是后背墙。在管道顶进过程中所受到的全部阻力，可通过千斤顶传递给后背及后背墙。后背墙的强度和刚度应满足传递最大顶力的需求，具体如图 5.10 所示。

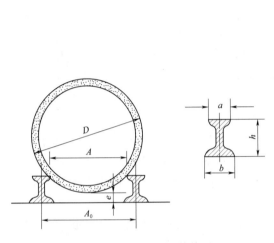

图 5.9　导轨安装间距计算图

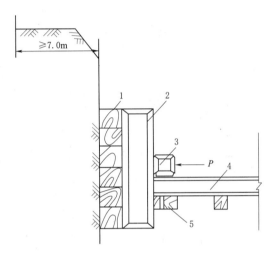

图 5.10　后背墙与后背

1—方木；2—立铁；3—横铁；4—导轨；5—导轨方木

后背墙因工作井的构筑方式不同而不同。在沉井工作井中，后背墙一般就是工作井的后方井壁。在钢板桩工作井中，必须在工作井内的后方与钢板桩之间浇筑一座与工作井宽度相等、厚度为 0.5～1.0m、其下部最好能插入到工作井底板以下 0.5～1.0m 的钢筋混凝土墙，目的是使推力的反力能比较均匀地作用到土体中去。

后背墙最好依靠原土加排方木修建。据经验显示：顶力小于 400t 时，后背墙后的原土厚度不小于 7.0m，可不会发生大位移现象（墙后开槽宽度不大于 3.0m）；当无原土作后背墙时，应设计结构简单、稳定可靠、就地取材、拆除方便的人工后背；若利用已顶进完毕的管道作后背时，待顶管道的顶力应小于已顶管道的顶力；后背钢板与管口之间应衬垫缓冲材料；采取措施保护已顶入管道的接口不受损伤。在未保留原土的情况下，利用已修好的管道作后墙时，可以修筑跨在管道上的块石挡土墙作为人工后背墙。

后背与后背墙在设置时应满足下列要求：

（1）后背墙土壁应平整，后背墙的平面需与管道顶进轴线相垂直。

（2）在平直的土壁前，横排 150mm×150mm 的方木，方木前设置立铁，立铁前再横向叠放横铁，当土质松软或顶力较大时，应在方木前加钢撑板，方木与土壁，以及撑板与土壁间要接触紧密，必要时可在土壁与撑板间灌砂捣实。

（3）方木应卧到工作井底以下 0.5～1.0m，使千斤顶的着力点高度不小于方木后背高度的 1/3。

（4）方木前的立铁可用 200mm×400mm 的工字钢，横铁可用两根 150mm×400mm 的工字钢。

（5）后背的高度和宽度，应根据后座力大小及后背墙的允许承载力，经计算确定。一般高度可选 2～4m，宽度可选 1.2～3.0m。

3. 顶进设备

顶进设备包括千斤顶、油泵及顶铁等。

（1）千斤顶（也称顶镐）。千斤顶是掘进顶管的主要设备，目前多采用液压千斤顶。液压千斤顶按构造形式分为活塞式和柱塞式两种；按作用方式有单作用液压千斤顶和双作用液压千斤顶，由于单作用液压千斤顶只有一个供油孔，只能向一个方向推动活塞杆，回镐时须借助外力（或重力），在顶管中施工不便，所以一般顶管施工中常采用双作用活塞式液压千斤顶；按其驱动方式分为手压泵驱动、电泵驱动和引擎驱动三种方式，施工中多采用电泵驱动。

顶管施工中常用千斤顶的顶力为 2000～4000kN，冲程有 0.25m、0.5m、0.8m、1.2m、2.0m 等。千斤顶在工作井内的布置与采用的个数有关，如 1 台千斤顶，其布置为单列式；若两台千斤顶，其布置为并列式；如多台千斤顶，宜采用环周式布置。

使用两台以上千斤顶时，应使顶力合力的作用点与管壁反作用力作用点在同一轴线上，以防止产生顶进力偶，造成顶进偏差。

（2）油泵。顶管施工中的油泵一般采用高压油泵，通常为轴向柱塞泵，借助柱塞在缸体内的往复运动，造成封闭容器体积的变化，不断吸油和压油。

施工过程中，电动机带动油泵工作，将油泵加压到工作压力后，由管路输送，经分配器和控制阀进入千斤顶。

（3）顶铁。为了弥补千斤顶行进不足，设置顶铁。顶铁要传递顶力，所以顶铁两面要平整、厚度均匀、受压强度高、刚度大，以确保工作时不会失稳。

顶铁由各种型钢拼接制成，有矩形、U 形和圆形几种，如图 5.11 所示。其中矩形用于矩形顶管施工；U 形顶铁一般用于钢管顶管，使用时开口向上，弧形内圆与顶管的内径相同；圆形顶铁是直接与管段接触的顶铁，它的作用是将顶力尽量均匀地传递到管段上。

4. 其他设备

（1）吊装设备。为了便于工作井内材料和机械的垂直运输，一般在顶管现场需要设置吊装设备。顶管施工中常用的吊装设备有轮式起重机、起重桅杆和门式吊车。起重桅杆一般仅适用于管径较小、顶管规模不大的顶管施工；门式吊车由于吊装方便，操作安全且应用较广。

（2）出泥设备。大口径顶管在顶进的过程中需要不断地排除进入管中的泥土。对于泥土的不同状态，排除的方法各有不同。当地下水位较深时，顶管采用不受地下水影响的人工掘进顶管法和机械掘进顶管。若距离短、土方量少，可以采用手推车运土；若距离长、土方量多，采用绞车牵引有轨或无轨车运土。如果顶管受地下水影响或采用水力掘进顶管

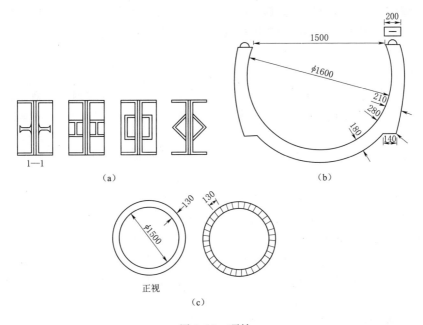

图 5.11 顶铁

(a) 矩形顶铁；(b) U 形顶铁；(c) 圆形顶铁

法时，排除的是泥浆，这时可以采用水力吸泥机或泥浆泵进行排泥。

（3）通风设备。对于长距离和超长距离顶管，管道内通风是必要的，操作人员在地下作业时要不断地补充新鲜空气，作业中的废气需要及时排除。地下作业通风的最低标准为 $30\text{m}^3/$（人·时），相当于 $0.5\text{m}^3/\text{min}$ 的耗量。通常采用鼓风机通风，并配上塑料制成的软鼓风管，距离较大时可在沿途增设轴流风机接力通风，这种方法设备简单，成本低，常被采用。

5.1.4 顶管施工

顶管施工中由于管径的不同，顶进作业的操作过程中选用的工具管和施工工艺也有所不同。

1. 大口径顶管

（1）人工掘进顶管法。人工负责管前挖土，随挖随顶，挖出的土方由手推车或车运到工作井，然后采用吊装机械吊出井外。该施工方法工作条件差，劳动强度大，不受地下水影响，适用于距离较短的管道。

（2）机械掘进顶管法。机械掘进顶管法与手工掘进顶管法施工方法大致相同，除掘进和管内运土不同外，其他均相同。该方法在顶进工具中安装小型掘土机，把掘出的土装在其后上料机上，再通过运土车、吊装机械将土直接运到井外。该法不受地下水的影响，可适用于较长距离的管道施工。

（3）水力掘进顶管法。水力掘进顶管法是在管前端工具管内设置高压水枪，喷出高压水，将管前端的土冲散，变成泥浆，然后用水力吸泥机或泥浆泵将泥浆排除，这样边冲边顶，不断前进。该方法可连续工作，若施工前方遇到障碍、后背墙变形严重、顶铁易发生扭曲、管位偏整过大、顶力超过管端允许顶力时，应暂停顶进，并及时处理。在顶管过程中，前方挖出的土可用牵引或电动卷扬机及运土车及时运出，避免管端因堆土过多而产生下沉。

2. 小口径顶管

常用的小口径顶管管材有无缝钢管、有缝钢管、混凝土管（含钢筋混凝土管）和铸铁管。与大口径顶管施工相比，小口径顶管施工方法可分为挤压类、螺旋钻输类和泥水钻进类。

（1）挤压类。挤压类施工法适用于软土层，如淤泥质土、砂土、软塑状态的黏性土等，不适用于土质不均或混有大小石块的土层，其顶进长度一般不超过 30m。

挤压类顶管的管端形状有锥形挤压（管尖）和开口挤压（管帽）两种。锥形挤压类顶管正面阻力较大，容易偏差，特别是土体不均和碰到障碍时更容易偏差。管道压入土中时，管道正面挤土，并将管轴线上的土挤向四周，无需排泥。

为了减少正面阻力，可以将管端呈开口状，顶进时土体挤入管内形成土塞，当土塞增加到一定长度时，土塞不再移动，如果仍要减少正面阻力，必须在管内取土，以减少土塞的长度。管内取土可采用干出泥或水冲法。

（2）螺旋钻输类。螺旋钻输类施工法是指在管道前端安装螺旋钻头，钻头通过管道内的钻杆与螺旋输送机连接，随着螺旋输送机的转动，带动钻头切削土体，同时将管道顶进，达到边顶进、边切削、边输送的效果，并将管道逐段向前敷设。该法适用于砂性土、砂砾土以及呈硬塑状态的黏性土。顶进距离可约 100m。

（3）泥水钻进类。泥水钻进类施工法是指采用切削法钻进，用泥水作为载体进行弃土排放的施工方法，常适用于硬土层、软岩层及流砂层和极易坍塌的土层。

由于碎石型泥水掘进机具有初削和破碎石块的功能，故而常采用碎石型泥水掘进机来顶进管道，一次可顶进 100m 以上，且偏差很小。顶进过程中产生的泥水，一般由送水管和排泥管构成流体输送系统来完成。

扩管也是小口径顶管中常用的一种工艺，它是先把一根直径比较小的管道顶好，然后在这根管道的末端安装上一只扩管器，再把所需管径的管道顶进去，或者把扩管器安装在已顶管子的起端，将所需的管道拖入。

5.1.5　测量与偏差

1. 测量

在顶进过程中，要经常测量，防止管道偏离轴线。顶第一节管（工具管）时，以及在校正偏差过程中，测量间隔不应超过 30cm，保证管道入土的位置准确；管道进入土层后的正常顶进，测量间隔不宜超过 100cm。

（1）中心测量。顶进长度在 60m 范围内，可采用垂球拉线的方法进行测量，要求两垂球的间距尽可能地拉大，用水平尺量测头一节管前端的中心偏差，如图 5.12 所示。一次顶进超过 60m 时，应采用经纬仪或激光导向仪测量（即用激光束定位）。

（2）高程测量。根据工作井内设置的水准点标高（设两个），测量第一节管前端与后端管内底高程，以掌握第一节管道的走向和趋势。测量后应与工作井内另一水准点闭合。

（3）激光测量。将激光经纬仪（激光束导向）安装在工作井内，并按照管线设计的坡

度和方向调整好,同时在管内装示
牌,当顶井的管道与设计位置一致
时,激光点即可射到标示牌中心,说
明顶进无偏差,否则根据偏差量进行
校正。

全段顶完后,应在每个管节接口
处测量其中心位置和高程,有错口
时,应测出错口的高差。

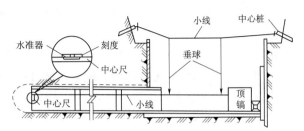

图 5.12 小线垂球延长测量中心示意图

2. 偏差

(1) 管道产生偏差的原因。管道偏离轴线主要原因是由于作用在工具管的外力不平衡
造成的,影响外力不平衡的主要原因有以下几点:①推进管线不可能绝对在同一直线上;
②管道截面不可能绝对垂直于管道轴线;③管节之间垫板的压缩性不完全一致;④顶管迎
面阻力的合力不与顶管后端推进顶力的合力重合;⑤推进的管道在发生扭曲时,沿管道纵
向的一些地方会产生约束管道挠曲的附加抗力。

上述原因直接结果就是顶管顶力产生偏心,要了解各接头上实际顶推合力与管道轴线
的偏心度,只能随时监测顶进管节接缝上的不均匀压缩情况,从而推算接头端面上应力分
布状况及顶推合力的偏心度,并以此调整纠偏幅度,防止因偏心度过大而使管节接头压损
或管节中部出现环向裂缝。

(2) 纠偏方法。顶管误差校正是逐步进行的,形成误差后不可能立即将已顶好的管子
校正到位,应缓缓进行,使管子逐渐复位,不能猛纠硬调,以防产生相反的结果。常用的
方法有以下 3 种:

1) 超挖纠偏法。偏差在 1~2cm 时,可采用此法,即在管子偏向的反侧适当超挖,而
在偏向侧不超挖甚至留坎,形成阻力,使管节在顶进中向阻力小的超挖侧偏向,逐渐回到
设计位置。

2) 顶木纠偏法。偏差大于 2cm 时,在超挖纠偏法起不到作用时,可采用此法。将圆
木或方木的一端顶在管道偏向的另一侧内管壁上,另一端斜撑在垫有钢板或木板的管前土
壤上,支顶牢固后,即可顶进,在顶进中配合超挖纠偏法,边顶边支。利用顶进时斜支撑
分力产生的阻力,使顶管向阻力小的一侧校正。

3) 千斤顶纠偏法。方法基本同顶木纠偏法,只是在顶木上用小千斤顶强行将管节慢
慢移位校正。

5.1.6 顶管施工质量要求

1. 顶管管道

(1) 主控项目。

1) 管节及附件等工程材料的产品质量应符合国家有关标准的规定和设计要求。

检查方法:检查产品质量合格证明书、各项性能检验报告,检查产品制造原材料质量
保证资料;检查产品进场验收记录。

2) 接口橡胶圈安装位置正确,无位移、脱落现象;钢管的接口焊接质量应符合相关
规定,焊缝无损探伤检验符合设计要求。

检查方法：逐个接口观察检查钢管接口焊接检验报告。

3）无压管道的管底坡度无明显反坡现象；曲线顶管的实际曲率半径符合设计要求。

检查方法：观察；检查顶进施工记录、测量记录。

4）管道接口端部应无破损顶裂现象，接口处无滴漏。

检查方法：逐节观察，其中渗漏水程度检查按有关规定。

（2）一般项目。

1）管道内应线形平顺、无突变、变形现象；一般缺陷部位，应修补密实、表面光洁；管道无明显渗水和水珠现象。

2）管道与工作井出、进洞口的间隙连接牢固，洞口无渗漏水。

检查方法：观察每个洞口。

3）钢管防腐层及焊缝处的外防腐层及内防腐层质量验收合格。

检查方法：观察。

4）有内防腐层的钢筋混凝土管道，防腐层应完整、附着紧密。

检查方法：观察。

5）管道内应清洁，无杂物、油污。

检查方法：观察。

6）顶管施工贯通后管道的允许偏差应符合表 5.2 的有关规定。

表 5.2　　　　　　　　　　　　　顶管施工贯通后管道的允许偏差

序号	检 查 项 目		允许偏差 /mm	检查数量		检查方法
				范围	点数	
1	直线顶管水平轴线	顶进长度<300m	50	每管节	1 点	用经纬仪测量或挂中线用尺量测
		300m≤顶进长度<1000m	100			
		顶进长度≥1000m	$L/10$			
2	直线顶管内底高程	顶进长度 $D_i<1500$	+30，−40			用水准仪测量或水平仪测量
		顶进长度 $D_i≥1500$	+40，−50			
		300m≤顶进长度<1000m	+60，−80			用水准仪测量
		顶进长度≥1000m	+80，−100			
3	曲线顶管水平轴线	$R≤150D_i$ 水平曲线	150			用经纬仪测量
		$R≤150D_i$ 竖曲线	150			
		$R≤150D_i$ 复合曲线	200			
		$R>150D_i$ 水平曲线	150			
		$R>150D_i$ 竖曲线	150			
		$R>150D_i$ 复合曲线	150			
4	曲线顶管内底高程	$R≤150D_i$ 水平曲线	+100，−150			用水准仪测量
		$R≤150D_i$ 竖曲线	+150，−200			
		$R≤150D_i$ 复合曲线	±200			

序号	检 查 项 目			允许偏差 /mm	检查数量		检查方法
					范围	点数	
4	曲线顶管内底高程	$R>150D_i$	水平曲线	＋100，－150	每管节	1点	用水准仪测量
			竖曲线	＋100，－150			
			复合曲线	±200			
5	相邻管间错口	钢管、玻璃钢管		15%壁厚，且≤20			用钢尺量测
		钢筋混凝土管					
6	钢筋混凝土管曲线顶管相邻管间接口的最大间隙与最小间隙之差			≤ΔS			
7	钢管、玻璃钢管道竖向变形			≤0.03D_i			
8	对顶时两端错口			50			

注 D_i 为管道内径，mm；L 为顶进长度，mm；ΔS 为曲线顶管相邻管节接口允许的最大间隙与最小间隙之差，mm；R 为曲线顶管的设计曲率半程，mm。

2．垂直顶升管道

（1）主控项目。

1）管节及附件的产品质量应符合国家相关标准的规定和设计要求。

检查方法：检查产品质量合格证明书、各项性能检验报告，检查产品制造原材料质量保证资料；检查产品进场验收记录。

2）管道直顺，无破损现象；水平特殊管节及相邻管节无变形、破损现象；顶升管道底座与水平特殊管节的连接符合设计要求。

检查方法：逐个检查，检查施工记录。

3）管道防水、防腐蚀处理符合设计要求；无滴漏和线流现象。

检查方法：逐个观察；检查施工记录，渗水程度检查。

（2）一般项目。

1）管节接口连接件安装正确、完整。

检查方法：逐个观察；检查施工记录。

2）防水、防腐层完整，阴极保护装置符合设计要求。

检查方法：逐个观察，检查防水、防腐材料技术资料、施工记录。

3）管道无明显渗水和水珠现象。

检查方法：逐节观察。

4）水平管道内垂直顶升管道施工的允许偏差应符合表5.3的规定。

5.1.7 长距离顶管技术

顶管施工的一次顶进长度取决于顶力大小、管材强度、后背强度和顶进操作技术水平等因素。一般情况下，一次顶进长度不超过 60～100m。在市政管道施工中，有时管道要穿越大型的建筑群或较宽的道路，此时顶进距离可能超过一次顶进长度。因此，需要研究长距离顶管技术，提高在一个工作坑内的顶进长度，从而减少工作坑的个数。长距离顶管一般有中继间顶进、泥浆套顶进和覆蜡顶进等方法。

表 5.3　　　　　　　　　　　水平管道内垂直顶升管道施工的允许偏差

序号	检查项目		允许偏差 /mm	检查数量		检查方法
				范围	点数	
1	顶升管帽盖顶面高程		± 20	每根	1 点	用水准仪测量
2	顶升管管节安装	管节垂直度	$\leqslant 1.5‰H$	每节	各 1 点	用垂线量
		管节连接端面平行度	$\leqslant 1.5‰D_0$, 且 $\leqslant 2$			用钢尺、角尺等量测
3	顶升管节间错口		$\leqslant 2$			用钢尺量测
4	顶升管道垂直度		$0.5‰H$	每根	1 点	用垂线量
5	顶升管的中心轴线	沿水平管纵向	30	顶头、底座管节	各 1 点	用经纬仪测量或钢尺量测
		沿水平管横向	20			
6	开口管顶升口中心轴线	沿水平管纵向	40	每处	1 点	
		沿水平管横向	30			

注　H 为垂直顶升管总长度，mm；D_0 为垂直顶升管外径，mm。

1. 中继间顶进

中继间是一种在顶进管段中设置的可前移的顶进装置，它的外径与被顶进管道的外径相同，环管周等距或对称非等距布置中继间千斤顶，如图 5.13 所示。

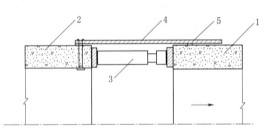

图 5.13　中继间
1—中继间前管；2—中继间后管；3—中继间千斤顶；
4—中继间外套；5—密封环

采用中继间施工时，在工作坑内顶进一定长度后，即可安设中继间。中继间前面的管道用中继间千斤顶顶进，而中继间及其后面的管道由工作坑内千斤顶顶进，如此循环操作，即可增加顶进长度，如图 5.14 所示。顶进结束后，拆除中继间千斤顶，而中继间钢外套环则留在坑道内。

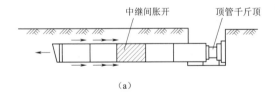
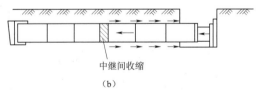

（a）　　　　　　　　　　　　　　（b）

图 5.14　中继间顶进
（a）开动中继间千斤顶，关闭顶管千斤顶；（b）关闭中继间千斤顶，开动顶管千斤顶

　　由此可见，中继间顶进并不能提高千斤顶一次顶进长度，只是减少工作坑数目，安装一个中继间，可增加一个一次顶进长度。安装多个中继间，可用于一个，工作坑的长距离顶管。但此法顶进速度较慢，施工完后中继间外套则留在土中不能取出，增加了工程成本。中继间千斤顶的顶力一般不大于 1000kN，尽可能做到顶力小台数多，并且周向均匀布置。

2. 泥浆套顶进

该法又称为触变泥浆法，是在管壁与坑壁间注入触变泥浆，形成泥浆套，以减小管壁与坑壁间的摩擦阻力，从而增加顶进长度。一般情况下，可比普通顶管法的顶进长度增加 2～3 倍。长距离顶管时，也可采用中继间-泥浆套联合顶进。

（1）触变泥浆的组成。触变泥浆的触变性在于泥浆的输送和灌注过程中具有流动性、可泵性和承载力，经过一定时间的静置，泥浆固结，产生强度。

触变泥浆是由膨润土掺合碳酸钠加水配制而成。为了增加触变泥浆凝固后的强度，可掺入石灰膏做固凝剂。但为了使施工时保持流动性，必须掺入缓凝剂（工业六糖）和塑化剂（松香酸钠）。触变泥浆配合比见表 5.4，触变泥浆掺入剂配合比见表 5.5。

表 5.4 触变泥浆配合比（重量比）

膨润土的胶质价	膨润土	水	碳酸钠
60～70	100	524	2～3
70～80	100	524	1.5～2
80～90	100	614	2～3
90～100	100	614	1.5～2

表 5.5 触变泥浆掺入剂配合比（重量比，以膨润土为 100）

石灰膏	工业六糖	松香酸钠（干重）	水
42	1	0.1	28

膨润土是粒径小于 $2\mu m$ 的微晶高岭土，主要矿物成分是 Si-Al-Si（硅-铝-硅），密度为 $0.83\times10^3\sim1.13\times10^3 kg/m^2$，对膨润土的要求是：①膨润倍数要大于 6，膨润倍数越大，造浆率就越大，制浆成本就越低；②胶质价要稳定，保证泥浆有一定的稠度，不致因重力作用使颗粒沉淀。

膨润土的胶质价可用如下方法测定：

1）将蒸馏水注入直径为 25mm、容量为 100mL 的量筒中，至 60～70mL 刻度处。

2）称膨润土试料 15g，放入量筒中，再加入水至 95mL 刻度处，盖上塞子，摇晃 5min，使膨润土与水混合均匀。

3）加入氧化镁 1g，再加水至 100mL 刻度，盖好塞子，摇晃 1min。

4）静置 24h 使之沉淀，沉淀物的界面刻度即为膨润土的胶质价。

（2）触变泥浆的拌制设备：①泥浆封闭设备包括前封闭管和后封闭圈，主要作用是防止泥浆从管端流出；②调浆设备包括拌合机和储浆罐等；③灌浆设备包括泥浆泵（或空气压缩机、压浆罐）、输浆管、分浆罐及喷浆管等。前封闭管（注浆工具管）的外径应比所顶管道的外径大 40～80mm，以便在管外形成一个 20～40mm 厚的泥浆环。前封闭管前端应有刃脚，顶进时切土前进，使管外土壤紧贴前封闭管的外壁，以防漏浆，如图 5.15 所示。

管道顶入土内，为防止泥浆从工作坑壁漏出，应在工作坑壁处修建混凝土墙，墙内预埋喷浆管和安装后封闭圈用的螺栓，图 5.16 所示为工作坑壁橡胶止水带后封闭圈。

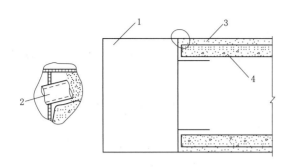

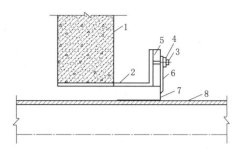

图 5.15　前封闭管装置

1—工具管；2—注浆口；3—泥浆套；4—钢筋混凝土管

图 5.16　工作坑壁橡胶止水带后封闭圈

1—混凝土墙；2—预埋钢管；3—预埋螺栓；
4—固紧螺母；5—环形木盘；6—压板；
7—橡胶止水带；8—顶进管道

（3）触变泥浆拌制与输送系统如图 5.17 所示：

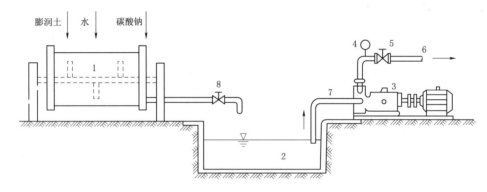

图 5.17　触变泥浆拌制与输送系统

1—搅拌机；2—储浆池；3—泥浆泵；4—压力表；
5—阀门；6—输浆管；7—吸浆管；8—排浆阀门

1）将定量的水放入搅拌罐内，并取其中一部分水溶解碳酸钠。

2）边搅拌边将定量的膨润土徐徐加入搅拌罐内，直至搅拌均匀。

3）将溶解的碳酸钠溶液倒入搅拌罐内，再搅拌均匀，放置 12h 后即可使用。

（4）掺入剂的加入：

1）用规定比例的水分别将工业六糖和松香酸钠溶化。

2）将溶化的工业六糖放入石灰膏内，拌合成均匀的石灰浆。

3）再将溶化的松香酸钠放入石灰浆内，拌合均匀。

4）将上述拌合好的掺入剂，按规定比例倒入已拌合好并放置 12h 的触变泥浆内，搅拌均匀，即可使用。

将上述拌合好的触变泥浆通过泥浆泵和输浆管输送到前封闭管装置的泥浆封闭环，经由封闭环上开设的注浆口注入到坑壁与管壁间孔隙，形成泥浆套，泥浆套的厚度根据工具管的尺寸而定，一般为 15～20mm，如图 5.18 所示。管道在泥浆套内处于悬浮状态顶进，不但减少了顶进的摩擦阻力，而且改善了管道在顶进中的约束条件，从而可以增加顶进长度。

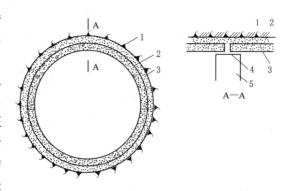

图 5.18　泥浆套
1—土壁；2—泥浆套；3—管道；4—内胀圈；5—填料

为了防止注浆后泥浆从刃脚处溢入管内，一般离刃脚 4～5m 处设灌浆罐，由罐向管外壁间隙处灌注泥浆，要保证整个管线周壁为均匀泥浆层所包围。为了弥补第一个灌浆的不足并补足流失的泥浆量，还要在距离灌浆罐 15～20m 处设置第

一个补浆罐，此后每隔 30～40m 设置一个补浆罐，以保证泥浆充满整个管外壁，如图 5.19 所示。

3. 覆蜡顶进

覆蜡顶进是用喷灯在管道外表面熔蜡覆盖，从而提高管道表面平整度，减少顶进摩擦力，增加顶进长度。

根据施工经验，管道表面覆蜡可减少 20％的顶力。但当熔蜡分布不均时，会导致新的"粗糙"增加顶进阻力。

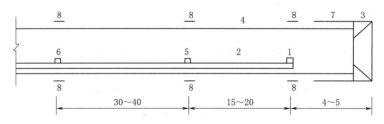

图 5.19　灌浆罐与补浆罐位置（单位：m）
1—灌浆罐；2—输浆管；3—刃脚；4—管体；5、6—补浆罐；7—工具管；8—泥浆套

5.2　盾　构　施　工

5.2.1　盾构施工概述

1. 盾构法

盾构就是集地下掘进和衬砌为一体的施工设备（图 5.20）。广泛应用在地下排水管道、地下隧道、水工隧洞及城市地下综合管廊等工程。

盾构法是暗挖法施工中的一种全机械化施工方法，它是将盾构机械在地中推进，通过盾构外壳和管片支承周围岩壁，防止发生隧道内的坍塌，同时在开挖面前方用切削装置进行土体开挖，通过出土机械运出洞外，靠千斤顶在后部加压顶进，并拼装预制混凝土管片，形成隧道结构的一种机械化施工方法。

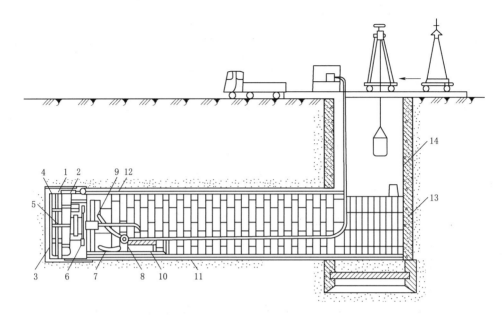

图 5.20　盾构法施工示意图

1—盾构；2—盾构千斤顶；3—盾构正面网格；4—出土转盘；5—出土皮带运输机；
6—管片拼装机；7—管片；8—压浆泵；9—压浆孔；10—出土机；11—由管片组成的
隧道衬砌结构；12—在盾尾空隙中的压浆；13—后盾管片；14—竖片

2. 适用条件

在松软含水地层，地下线路等设施埋深达到 10m 或更深时，可以采用盾构法，即：①线位上允许建造用于盾构进出洞和出渣、进料的工作井；②隧道要有足够的埋深，覆土深度宜不小于 6m 且不小于盾构直径；③相对均质的地质条件；④若为单洞，洞与洞及洞与其他建（构）筑物之间所夹土（岩）体加固处理的最小厚度为水平方向 1.0m，竖直方向 1.5m；⑤从经济角度讲，连续的施工长度不小于 300m。

3. 特点

（1）优点：①安全开挖和衬砌，掘进速度快；②盾构的推进、出土、拼装衬砌等全过程可实现自动化作业，施工劳动强度低；③不影响地面交通与设施，同时不影响地下管线等设施；④穿越河道时不影响航运，施工中不受季节、风雨等气候条件影响，施工中没有噪音和扰动；⑤在松软含水地层中修建埋深较大的长隧道往往具有技术和经济方面的优越性。

（2）缺点：①断面尺寸多变的区段适应能力差；②新型盾构机械购置费昂贵，对施工区段短的工程不太经济；③工人的工作环境较差。

5.2.2　盾构组成

盾构一般由掘进系统、推进系统、拼装衬砌系统组成。

1. 掘进系统

排水管道施工中使用的盾构是由钢板焊接成的圆形筒体，前部为切削环，中部为支撑环，盾尾为衬砌环，通过外壳钢板连接成一个整体，如图 5.21 所示。

掘进系统主要是切削环，它位于盾构的最前端，作为支撑保护罩，在环内可安装挖土掘进设备，或容纳施工人员在环内挖土和出土。施工时切入地层，掩护施工人员进行开挖作业。切削环前端设有刃口，以减少切土时对地层的扰动和施工阻力。切削环的长度主要取决于支撑、挖土机具和操作人员回旋余地的大小。

2. 推进系统

推进系统是盾构的核心部分，依靠千斤顶将盾构向前推动。千斤顶采用油压系统控制，由高压油泵、操作阀件等设备构成。每个千斤顶的油管须安装阀门，以便单个控制。也可将全部千斤顶分成若干组，按组分别进行控制。盾构千斤顶液压回路系统如图5.22所示。

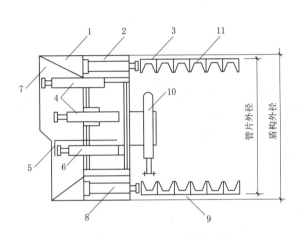

图 5.21　盾构构造简图
1—切削环；2—支撑环；3—盾尾部分；4—支撑千斤顶；
5—活动平台；6—活动平台千斤顶；7—切口；
8—盾构推进千斤顶；9—盾尾空隙；
10—管片拼装管；11—管片

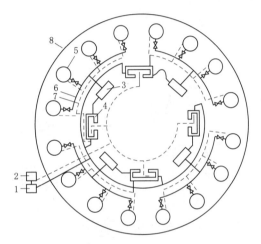

图 5.22　盾构千斤顶液压回路系统
1—高压油泵；2—总油箱；3—分油箱；
4—闭口转筒辊；5—千斤顶；6—进油管；
7—回油管；8—结构体壳

推进系统位于盾构的中部，主要是支撑环，支撑环紧接于切削环之后，支撑环的外沿布置盾构千斤顶，是一个刚性较好的圆形结构，承受着地层土压力、所有千斤顶的顶力以及刃口、盾尾、衬砌拼装时传来的施工荷载等外力。

大型盾构将操作动力设备和拼装衬砌设备等都集中布置在支撑环内，中小型盾构可把部分设备放在盾构后面的车架上。

3. 拼装衬砌系统

盾构被顶进后应及时在盾尾进行衬砌工作，在施工过程中已砌好的砌块可作为盾构千斤顶的后背，承受千斤顶的后坐力，竣工后则作为永久性承载结构。拼装衬砌系统主要是衬砌环，它位于盾构尾部，由盾构的外壳钢板延长构成，主要是掩护砌块的衬砌和拼装，环内设有衬砌机构，尾端设有密封装置，以防止水、土及注浆材料从盾尾与衬砌环之间的间隙进入盾构内。衬砌环通常采用钢筋混凝土或预应力钢筋混凝土预制，形状有矩形、梯形、中缺形等，其尺寸根据管廊大小和衬砌方法确定。

5.2.3　盾构分类

盾构机的分类有许多，按工作原理可分为手掘式盾构、挤压式盾构、半机械式盾构、机械式盾构；按挖掘方式可分为：手工挖掘式、半机械式、机械式；按工作面挡土方式可分为：敞开式、部分敞开式、密闭式；按气压和泥水加压方式可分为：气压式、泥水加压式、土压平衡式、加水式、高浓度泥水加压式、加泥式等。本书按工作原理，对常用盾构进行介绍。

1. 手掘式盾构

手掘式盾构（手工挖掘式盾构）是盾构的基本形式，如图 5.23 所示。施工时根据不同的地质条件，开挖面可全部敞开由人工开挖，也可根据开挖面土体的稳定性适当分层开挖，随挖土随支撑。

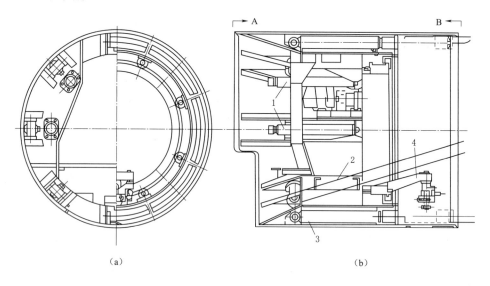

（a）　　　　　　　　　　　　　　　　　　（b）

图 5.23　手掘式盾构

（a）正视；（b）侧视

1—支撑千斤顶；2—皮带运输机；3—盾构千斤顶；4—举重臂

这种盾构的优点是便于观察地层变化和清除障碍，易于纠偏，简易价廉；但劳动强度大，效率低，如遇正面塌方，易危及人身及工程安全。

施工时由上而下进行开挖，开挖时按顺序调换正面支撑千斤顶，开挖出来的土从下半部用皮带运输机装入出土车，运出井外。

手掘式盾构适用于砂性土到黏性土的各类地层，在开挖面稳定性较差的地层施工时，可与气压、降水、化学注浆等稳定地层的辅助方法配合使用；在地质条件很差的粉砂土质地层施工时，土会从开挖面流入盾构、引起开挖面坍塌，因而不能继续开挖，这时应在盾构的前面设置胸板进行密闭，以挡住正面土体。同时在胸板上开设出土用的小孔，这种形式的盾构称为挤压式盾构。

在手掘式盾构的正面装钢板网格，在推进中切土，当停止推进时，可起稳定开挖面的作用。切入的土体通过转盘、皮带运输机、出土车或水力机械，将土运出，如图 5.24 所示。这种盾构称为网格式盾构，在软弱土层中常被采用，如精心施工，可较好地控制地表沉降。若在含水地层中施工时，需要辅以降水措施。

2. 挤压式盾构

挤压式盾构分为全挤压式盾构、局部挤压式盾构两种。

全挤压式盾构向前推进时，胸板全部封闭，不需出土，将会引起大的地表变形。局部挤压式盾构，要打开部分胸板，需要将排出的土体从出土孔挤入盾构内，然后装车外运，根据推进速度来确定胸板的开口率，当开口率过大时，出土量增加，会引起周围地层的沉降；反之，加大盾构的切入阻力，使地面隆起。因此，采用挤压式盾构时，应严格控制出土量，以免地表变形过大，如图5.25所示。

根据施工经验，挤压式盾构适用于软弱地层，当土体含砂率在20%以下、液性指数在60%以上、内聚力在50kN/m²以下

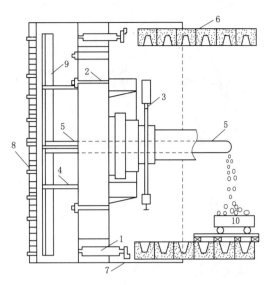

图 5.24 网格式盾构

1—盾构千斤顶；2—开挖面支撑千斤顶；3—举重臂（拼装装配式钢筋混凝土衬砌用）；4—堆土平台（盾构下部土块由转盘提升后落入堆土平台）；5—刮板运输机，土块由堆土平台进入后输出；6—装配式钢筋混凝土砌块；7—盾构钢壳；8—开挖面钢网格；9—转盘；10—装土车

时，盾构的开口率一般为0.8%～2.0%，在极软弱的地层中，开口率也可小到0.3%。遇有化学注浆的建筑物地基时，应把胸板做成可拆卸的形式。

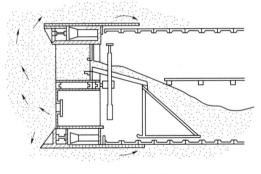

图 5.25 挤压式盾构

3. 半机械式盾构

半机械式盾构具有省力高效的特点，是在手掘式盾构的基础上，安装机械挖土和出土的装置，以代替人工劳动，如图5.26所示。

根据地层条件，施工中可安装反铲挖土机或螺旋切削机；若土质坚硬，可安装软岩掘进机的切削头。

半机械式盾构的适用范围与手掘式盾构基本相同，其优缺点除可减轻工人劳动强度外，均与手掘式盾构相似。

4. 机械式盾构

机械式盾构是在手掘式盾构的切口部分，安装与盾构直径同样大小的大刀盘，可全断面切削开挖土体。对于条件较好的地层（能够自立或采取辅助措施后自立），可用开胸机械式盾构；若地层条件较差，又不采取辅助措施时，则需采用闭胸的机械式盾构。

机械式盾构按其支挡胸板是否开孔分为开胸式、闭胸式盾构，当土体稳定或采取措施

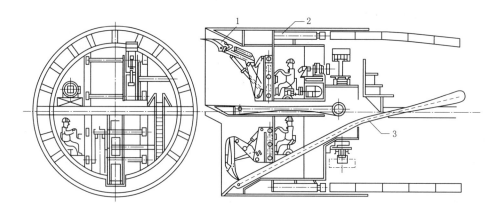

图 5.26　半机械式盾构
1—挖掘机；2—盾构千斤顶；3—皮带运输机

后能稳定自立时，可用开胸式，否则用闭胸式；按保持开挖面土体平衡措施的机理，又可细分为局部气压盾构、土压平衡式盾构和泥水加压式盾构。

（1）局部气压盾构。在盾构的切口环和支承环间设密封隔墙，使形成密封舱，在舱内通入压缩空气，用气压稳定开挖面土体。局部气压盾构的优点是操作人员可在常压下工作。但由于出土装置、盾尾密封装置和衬砌接缝间存在漏气和寿命不长等技术问题，故目前使用不多，如图 5.27 所示。

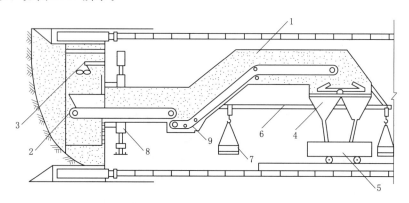

图 5.27　局部气压盾构
1—气压内出土运输系统；2—皮带运输机；3—排土抓斗；4—出土斗；5—运土车；
6—运送管片单轨；7—管片；8—管片拼装器；9—伸缩接头

（2）泥水加压式盾构。泥水加压式盾构是在局部气压盾构基础上发展而成的。由于局部气压盾构存在连续出土和漏气问题，并在同样压力差和空隙条件下，漏气量比漏水量大80 倍之多，因此在局部气压盾构的密封舱内通入泥水以代替压缩空气，利用泥水压力来稳定开挖面土体，同时避免盾尾和衬砌接缝等处产生漏气。

盾构掘进时，转动开挖面大刀盘以切削土层，切削下来的土可利用泥水通过管道送往地面处理，从而解决了密封舱内的连续出土问题。由于泥水盾构既能抵抗地下水压，又无压缩空气的泄漏和喷发问题，故对隧道埋深的适应性较大；弃土采用管道输送，安全可靠，效率较高。缺点是配套设备较多，施工费用和设备投资较高。

（3）土压平衡式盾构。土压平衡式盾构（称为泥土加压式盾构、削土密闭式盾构），在盾构切口环和支承环间装有密封隔板，使盾构开挖面形成密封舱，其前端是一个全断面切削的大刀盘，用以开挖地层。密封隔板的中间装有长筒形螺旋运输机的进土口，并设在密封舱内的中心或下部，出土口设在密封舱外，如图 5.28 所示。

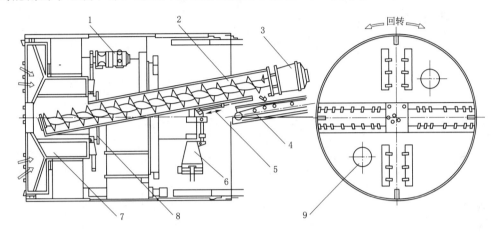

图 5.28　土压平衡式盾构

1—刀盘加油马达；2—螺旋运输机；3—螺旋运输机油马达；4—皮带运输机；
5—闸门千斤顶；6—管片拼装器；7—刀盘支架；8—隔壁；9—紧急出入口

土压平衡的作用，是利用刀盘切削下来的土充填整个密封舱，并保持一定的压力来平衡开挖面土压力。螺旋运输机的出土量要密切配合刀盘切削速度，使密封舱内始终充满泥土而不致挤得过密或过松；同时配合千斤顶的顶进速度，以达到平衡开挖面地层侧压力的效果。土压平衡式盾构，既避免了局部气压盾构的缺点，又省略了泥水加压盾构中泥水输送和处理的设备，是一种很有发展前途的新颖盾构。

5.2.4　盾构尺寸确定

1. 盾构的外径

可按弹性圆环设计盾构外壳厚度，盾构外径 D 可按下式确定：

$$D = d + 2(x + t) \tag{5.8}$$

式中　D——盾构外径，mm；

　　　d——管端衬砌外径，mm；

　　　x——衬砌块与盾壳间的空隙量，mm（图 5.29）；

　　　t——盾构外壳总厚度，mm。

衬砌块与盾壳间的空隙量 x 通常为衬砌外径的 0.008～0.010 倍，在盾构曲线顶进时或掘进过程中，它与村砌环遮盖部分的长度、砌块环外径有关，如图 5.29 所示，其最小值要满足下式：

$$x = \frac{ML}{d} \tag{5.9}$$

式中　M——衬砌环遮盖部分的衬砌长度，mm；

　　　L——砌块环上顶点能转动的最大水平距离，通常 $L=d/80$；

　　实际工作中，$x=0.0125M$，一般取 30～60mm。

2. 盾构的长度

（1）长度的确定。盾构是由切削环、支承环和衬砌环三部分组成，其长度 L 是此三部分长度的合计，如图 5.30 所示，故其 L 为

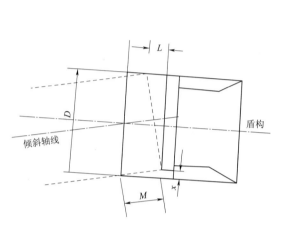

图 5.29　盾构构造间隙

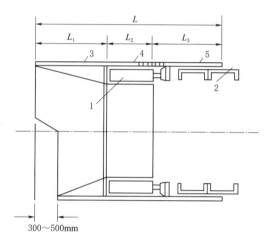

图 5.30　盾构长度
1—千斤顶；2—砌块；3—切削环；4—支撑环；5—衬砌环

$$L=L_1+L_2+L_3 \tag{5.10}$$

式中　L——盾构的长度，mm；

　　　L_1——切削环长度，mm；

　　　L_2——支承环长度，mm；

　　　L_3——衬砌环长度，mm。

（2）切削环长度。切削环长度 L_1 主要取决于工作面开挖时，在保证操作安全的前提下，使土方按其自然倾斜角坍塌而使操作安全所需的长度，即

$$L_1=\frac{D}{\tan\theta}=D\tan45°=D \tag{5.11}$$

式中　θ——土坡与地面所成的夹角，通常情况下夹角为 45°。

　　大直径手掘式盾构，一般设有水平隔板，其切削环长度为

$$L_1=\frac{H}{\tan\theta} \tag{5.12}$$

式中　H——平台高度，即工人工作需要的高度，通常不大于 2000mm。

（3）支承环长度。支承环长度 L_2 为

$$L_2=W+C_1 \tag{5.13}$$

式中　W——砌块的宽度，mm；

　　　C_1——余量，通常取 200～300mm。

（4）衬砌环长度。衬砌环长度应为除保证其内衬砌块组装需要的空间外，还要考虑到损坏砌块的更换、修理千斤顶以及顶进时所需的长度，故为

$$L_3 = KW + C_2 \qquad (5.14)$$

式中　K——盾构的机动性系数，大型盾构取 0.75，中型盾构取 1.0，小型盾构取 1.50；

　　　C_2——余量，取 100～200mm。

（5）衬砌环处盾壳厚度。衬砌环处盾壳厚度可按经验公式计算确定：

$$t = 0.02 + 0.01(D - 4) \qquad (5.15)$$

大直径手掘式盾构的机动性，以机动系数 K 表示：

$$K = L/D \qquad (5.16)$$

（6）盾构的灵敏度。盾构的灵敏度指盾构总长度 L 与其外径 D 的比例关系，一般规定如下：小型盾构（$D = 2 \sim 3$m），$L/D = 1.5$；中型盾构（$D = 3 \sim 6$m），$L/D = 1.0$；大型盾构（$D = 6 \sim 12$m），$L/D = 0.75$。盾构的尺寸应满足灵敏度的要求。

3. 盾构千斤顶及其顶力计算

为了避免千斤顶压坏砌块，常将总顶力分散为若干份顶力。由于每个千斤顶的顶力较小，故而千斤顶的数目比较多。每个千斤顶的油管应安装阀门，以便单个控制，也可将千斤顶分成若干组，以便按组进行控制。

掘进时，由于盾构水平轴上部的顶力较大，下部的顶力较小，千斤顶根据这种情况进行布置时，称等分布置；不考虑受力情况，沿圆周等间距布置时，称不等分布置。

（1）顶进阻力。盾构在顶进时的阻力可根据盾构形式和构造确定。顶进阻力 R 可由下式确定：

$$R = R_1 + R_2 + R_3 + R_4 + R_5 \qquad (5.17)$$

式中　R_1——盾构外壳与土的摩擦力，kN；

　　　R_2——砌块与盾尾之间的摩擦力，kN；

　　　R_3——盾构切削环切入土层的阻力，kN；

　　　R_4——盾构自重产生的摩擦力，kN；

　　　R_5——开挖面支撑阻力或闭腔挤压盾构土层正面阻力，kN。

（2）盾构外壳与土的摩擦力 R_1：

$$R_1 = v_1 [2(P_v + P_h)LD] \qquad (5.18)$$

式中　P_v——盾构顶部的竖向土压力，kN/m^2；

　　　P_h——水平土压力，kN/m^2；

　　　v_1——土与钢之间的摩擦系数，一般取 0.2～0.6；

　　　L——盾构长度，m；

　　　D——盾构外径，m。

（3）砌块与盾尾之间的摩擦力 R_2：

$$R_2 = v_2 G' L' \qquad (5.19)$$

式中　v_2——盾尾与衬砌之间的摩擦系数，一般为 0.4～0.5；

　　　G'——衬砌环重量，kN；

　　　L'——盾尾中衬砌的环数。

（4）盾构切削环切入土层的阻力 R_3：

$$R_3 = \pi LD(P_v \tan\varphi + C) \tag{5.20}$$

式中 　φ——土的内摩擦角，（°）；

　　　C——土的内聚力，kN/m^2。

（5）盾构自重产生的摩擦力 R_4：

$$R_4 = Gv_1 \tag{5.21}$$

式中 　G——盾构自重，kN。

（6）正面阻力。开挖支撑面或闭腔挤压盾构正面阻力 R_5 可按下式计算：

$$R_5 = (\pi D^2/4)E_a \tag{5.22}$$

式中 　E_a——主动土压力，kN/m^2。

或可按下式计算：

$$R_5 = (\pi D^2/4)E_p \tag{5.23}$$

式中 　E_p——被动土压力，kN/m^2。

（7）盾构千斤顶的总顶力。盾构千斤顶的总顶力 P 为

$$P = KR \tag{5.24}$$

式中 　K——安全系数，一般取 1.5～2。

设每个千斤顶的顶力为 N，则共需千斤顶数目 n 为

$$n = P/N \tag{5.25}$$

式中 　N——单个千斤顶的顶力。

5.2.5　盾构施工

1. 前期工作

（1）盾构施工准备。在盾构施工前，应对施工地段的地形、地貌、地质（地层柱状图）、土质、障碍物、地下水进行详细勘察，认真分析施工地段具体情况，进而编制施工可行性方案。

重点掌握施工管段沿线的水文地质与工程地质资料、地下管线的交叉情况、地形与地貌，地面与地下障碍物，工作井、仓库、料场的占地，道路条件和运输情况，水、电供应条件等内容。完成盾构工作井的修建、盾构的拼装检查、附属设施等准备工作。

（2）工作井的修建。工作井：修建在隧道（或管廊）中心线上，也可在偏离其中心线，然后用横向通道或斜向通道进行连接。修建时过程中要遵循以下步骤：

1）要求测量放线，确定工作井的中线桩和边线桩，然后进行开挖。

2）开挖到设计标高后，将地面水准点和中线桩引入到工作井内。

3）盾构起点井、终点井。在起始位置上修建工作井，主要完成盾构的拼装和顶进工作，称为盾构拼装井（或起点井）；在终点位置上修建的工作井主要是接收、拆卸盾构并将其吊出，称为盾构拆卸井（或终点井）。

若盾构推进长度很长时，在管道中段或在转弯半径较小处，还应修建中间工作井，以减少土方和材料运距、便于检查和维修盾构以及盾构的转向。

盾构工作井可以根据实际情况与其他竖井（如通风井、设备井等）综合考虑，设置成

施工综合井，使施工更加经济合理。

  盾构起点井与顶管工作井相同，尺寸应按照盾构和顶进设备的大小确定。井内应设牢固的支撑和坚强的后背，并铺设导轨，以便正确顶进。

  盾构起点井一般多为矩形，有时也采用圆形。为满足吊入和组装盾构、运入衬砌材料、各种机具设备和作业人员的进出以及土方外运的要求，应合理确定起点井的尺寸。如图 5.31 所示，矩形起点井长度 a 和宽度 b 应按下式进行计算：

$$a = L + (0.5 \sim 1.0)L \tag{5.26}$$
$$b = D + (1.5 \sim 2.0) \tag{5.27}$$

式中　a——拼装井长度，mm；

   b——拼装井宽度，mm；

   D——盾构直径，mm；

   L——盾构长度，mm。

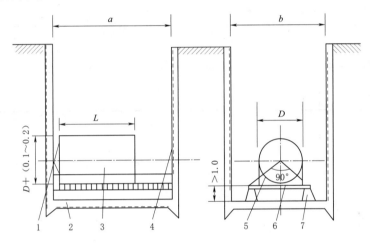

图 5.31　盾构拼装井（起点井）

1—盾构进口；2—竖井；3—盾构；4—后背；5—导轨；6—横梁；7—拼装台

  起点井内一般设置钢结构或钢筋混凝土结构的拼装台，拼装台上设有导轨，导轨间距取决于盾构直径的大小，轨顶与管中心线的夹角多为 $60° \sim 90°$，导轨平面高度一般由隧道大小和施工要求等因素来确定。

  盾构中间工作井和终点井的结构尺寸与起点井相同，但应考虑盾构在推进过程中因出现蛇形变形而引起的中心线偏移，故应将起点井开口尺寸加上蛇形偏差量作为中间井和终点井进出口的开口尺寸。

  盾构工作井施工中要注意对工作井周围地层采取加固措施，以防工作井塌陷；随着工作井开挖深度的增加，要防止地下水上涌，造成淹井事故，必要时应采取降水措施。

  （3）盾构的拼装检查。盾构的拼装检查一般包括外观检查和尺寸检查。

  1）外观检查。对于盾构外表重点检查外表是否与设计图相符；盾构内部，要检查相通的孔眼是否通畅，内部所有零件是否齐全，位置是否准确，固定件是否牢固，防锈涂层是否完好。

2）尺寸检查。盾构的圆度与直度的大小，对推进过程中的蛇行量影响很大，其允许误差应满足表 5.6、表 5.7 要求。圆度与直度的误差检查部位如图 5.32、图 5.33 所示。

表 5.6   圆 度 允 许 误 差

盾构直径 D/m	内 径 误 差 /mm	
	最小	最大
$D<2$	0	+8
$2<D<4$	0	+10
$4<D<6$	0	+12
$6<D<8$	0	+16
$8<D<10$	0	+20
$10<D<12$	0	+24

表 5.7   直度允许误差（弯曲误差）

盾构全长 L/m	弯曲误差/mm	盾构全长 L/m	弯曲误差/mm
$L<3$	±5.0	$5<L<6$	±9.0
$3<L<4$	±6.0	$6<L<7$	±12.0
$4<L<5$	±7.5	$7<L$	±15.0

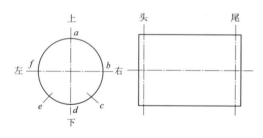

图 5.32   圆度误差检查部位

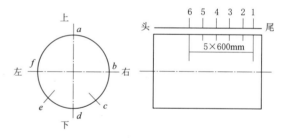

图 5.33   直度误差检查部位

（4）盾构布置、安装及验收。

1）盾构基座。盾构基座应符合下列规定：①钢筋混凝土结构或钢结构，并置于工作井底板上；②其结构应能承载盾构自重和其他附加荷载；③盾构基座上的导轨应根据管道设计轴线和施工要求确定夹角、平面轴线、顶面高程和坡度。

2）盾构安装。根据运输和进入工作井吊装条件，盾构可整体或解体运入现场，吊装时应采取防止变形等措施；盾构在工作井内安装应达到安装精度要求，并根据施工要求就位在基座导轨上；盾构掘进前，应进行试运转验收，验收合格方可使用。

3）盾构始发工作井后座。盾构始发工作井后座采用管片衬砌、顶撑组装时，应符合：①后座管片衬砌应根据施工情况，确定开口环和闭口环的数量，其后座管片的后端面应与轴线垂直，与后背墙贴紧；②开口尺寸应结合受力要求和进出材料尺寸而定；③洞口处的后座管片应为闭口环，第一闭口环脱出盾尾时，其上部与后背墙之间应设置顶撑，确保盾构顶力传至工作井后背墙；④盾构掘进至一定距离、管片外壁与土体的摩擦力能够平衡盾构掘进反力时，为提高施工速度可拆除盾构后座，安装施工平台和水平运输装置。

4）质量验收标准。盾构工作井内主控项目、一般项目的质量验收标准除与顶管施工（见3.1.2小节）相同外，工作井施工的允许偏差还应符合表5.8的要求。

表5.8　　　　　　　　　　工作井施工的允许偏差

检 查 项 目		允许偏差/mm	检查数量		检查方法
			范围	点数	
盾构后座管片	顶面高程	±10	每环底部	1点	用水准仪测量
	中平轴线	±10		1点	

2. 施工工艺

盾构法施工工艺主要包括盾构的始顶、盾构掘进的挖土、出土及顶进、衬砌和灌浆几部分。

（1）盾构的始顶。盾构的始顶是将盾构下放到工作井导轨上后，自起点井开始至完全没入土中的这一段距离。它常需要借助其他千斤顶来进行顶进工作，顶进方法与顶管施工相同。

盾构千斤顶利用已砌好的砌块环作为支承结构，推进盾构。在始顶阶段，尚未有已砌好的砌块环，在此情况下，常常通过设立临时支撑结构来支撑盾构千斤顶。一般情况下，砌块环的长度为30～50m，在盾构初入土后，可在起点井后背与盾构衬砌环内各设置一个其内、外径均与砌块环内、外径相同的圆形木环。在两木环之间砌半圆形的砌块，木环水平直径以上用圆木支撑，作为始顶段盾构千斤顶的支承结构，随着盾构的推进，第一圈永久性砌块环用黏结料紧贴木环砌筑。

盾构从起点井进入土层时，由于起点井的井壁挖口土方很容易塌陷，因此，必要时可对土层采取局部加固措施。

（2）盾构掘进的挖土、出土与顶进。完成始顶后，即可启用盾构自身千斤顶，将切削环的刃口切入土中，在切削环掩护下进行挖土。

在地质条件较好的工程中，手工挖土依然是最好的一种施工方式。挖土工人在切削环保护罩内接连不断地挖土，工作面逐渐呈现锅底形状，其挖深应等于砌块的宽度。为减少砌块间的空隙，贴近盾壳的土可由切削环直接切下，其厚度为10～15cm。如果在不能直立的松散土层中施工时，可将盾构刃脚先行切入工作面，然后由工人在切削环保护罩内施工。

对于土质条件较差的土层，可架设支撑，进行局部挖土。局部挖土的工作面在架设支撑后，应依次进行挖掘。局部挖掘应从顶部开始，当盾构刃脚难于先切入工作面时，如砂砾石层，可以先挖后顶，但必须严格控制每次掘进的纵深，如图5.34所示。

对于黏性土的工作面，虽然能够直立，但工作面停放时间过长，土面会向外胀鼓，造成塌方，导致地基下沉。因此，在黏性土层掘进时，也应架设支撑。

在砂土与黏土交错层、土层与岩石交错层等复杂地层中顶进时，应注意选定适宜的挖掘和支撑方法。

在砌块衬砌后，应立即进行盾构的顶进工作。盾构顶进时，应保证工作面稳定不被破

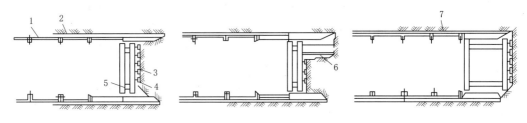

图 5.34　手挖盾构的工作面支撑

1—砌块；2—灌浆；3—立柱；4—撑板；5—支撑千斤顶；6—千斤顶；7—盾壳

坏。顶进速度通常 50mm/min。顶进过程中，应对工作面支撑、挤紧。顶进时千斤顶实际最大顶力不能使砌块等后部结构遭到破坏。在弯道、变坡处掘进和校正误差时，应使用部分千斤顶顶进，还要防止产生误差和转动。如盾构可能发生转动，应在顶进过程中采取偏心堆载等措施。

在出土的同时，将衬砌块运入盾构内，待千斤顶回镐后，其空隙部分即可进行砌块拼砌。当砌块的拼砌长度能起到后背作用时，再以衬砌环为后背，启动千斤顶，重复上述操作，盾构便被不断向前推进。

（3）衬砌和灌浆。盾构衬砌的目的是为了使砌块在施工过程中，作为盾构千斤顶的后背，承受千斤顶的顶力，在施工结束后作为永久性承载结构。

为了在衬砌后可以用水泥砂浆灌入砌块外壁，与土壁间留的空隙，部分砌块应留有灌注孔，直径应不小于 36mm。一般情况下，每隔 3～5 环应砌一灌注孔环，此环上设有 4～10 个灌注孔。

衬砌脱出盾尾后，应及时进行壁后注浆。注浆应多点进行，注浆量应与地面测量相配合，宜大于环形空隙体积的 50%，压力宜为 0.2～0.5MPa，使空隙全部填实。注浆完毕后，压浆孔应在规定时间内封闭。

常用的填灌材料有水泥砂浆、细石混凝土等，灌浆材料不应产生离析、不丧失流动性、灌入后体积不减少，早期强度不低于承受压力。灌入顺序应当自下而上，左右对称地进行，以防止砌块环周的孔隙宽度不均匀。浆料灌入量应为计算孔隙量的 130%～150%。灌浆时应防止料浆漏入盾构内。

在一次衬砌质量完全合格的情况下，可进行二次衬砌。常采用浇灌细石混凝土或喷射混凝土的方法。对在砌块上留有螺栓孔的螺栓连接砌块，也应进行灌浆。

3. 管片安装

盾构顶进后应及时进行衬砌工作，其使用的管片通常采用钢筋混凝土或预应力钢筋混凝土砌块，其形状有矩形、梯形等。预制钢筋混凝土管片应满足设计强度及抗渗要求，并不得有影响工程质量的缺损。管中应进行整环拼装检验，衬砌后的几何尺寸应符合质量标准。

根据施工条件和盾构的直径，可以确定每个衬砌环的分割数量。矩形砌块形状简单，容易砌筑，产生误差时容易纠正，但整体性差；梯形砌块的衬砌环整体性要比矩形砌块好。为了提高砌块环的整体性，也可采用梯形砌块，但安装技术要求较高，而且产生误差后不易调整。

砌块有平口和企口两种连接形式，可根据不同的施工条件选择不同的连接。企口接缝防水性好，但拼装不易；有时也可采用黏结剂进行连接，只是连接宜偏斜，常用黏结剂有沥青胶或环氧胶泥等。

管片下井前应编组、编号，并进行防水处理。管片与联接件等应有专人检查，配套送至工作面；千斤顶顶出长度应大于管片宽度 20cm。

拼装前应清理盾尾底部，并检查举重设备运转是否正常；拼装每环中的第一块时，应准确定位。拼装次序应自下而上，左右交叉对称安装，前后封顶成环。拼装时应逐块初拧环向和纵向螺栓，成环后环面平整时，复紧环向螺栓。继续推进时，复紧纵向螺栓。拼装成环后应进行质量检测，并记录填写报表。

对管片接缝，应进行表面防水处理。螺栓与螺栓孔之间应加防水垫圈，并拧紧螺栓。当管片沉降稳定后，应将管片填缝槽填实，如有渗漏现象，应及时封堵、注浆处理。拼装时，应防止损伤管片防水涂料及衬垫，如有损伤或衬垫挤出环面时应及时处理。

随着施工技术的不断进步，施工现场常采用杠杆式拼装器或弧形拼装器等砌块拼装工具，不但可提高施工速度，也使施工质量得到很大提升。为了提高砌块的整圆度和强度，有时也采用彼此间有螺栓连接的砌块。

4. 盾构施工注意事项

盾构施工技术随着盾构机性能的改进有了很大发展，但施工引起的地层位移仍不可避免，地层位移包括地表沉降和隆起。在市区地下施工时，为了防止危及地表建筑物和各类地下管线等设施，应严格控制地表沉降量。从某种意义上讲，能否有效控制地层位移是盾构法施工成败的关键之一。减少地层位移的有效措施是控制好施工的各个环节，对以下几个环节应重点注意：

（1）合理确定盾构千斤顶的总顶力。盾构向前推进主要依靠千斤顶的顶力作用。在盾构前进过程中要克服正面土体的阻力和盾壳与土体之间的摩擦力，盾构千斤顶的总顶力要大于正面推力和壳体四周的摩擦力之和，但顶力不宜过大，否则会使土体因挤压而前移或隆起，而顶力太小又影响盾构前进的速度。通常盾构千斤顶的总推力应大于正面土体的主动土压力、水压与总摩擦力之和，小于正面土体的被动土压力、水压与总摩擦力之和。

（2）控制盾构前进速度。盾构前进时应该控制好推进速度，并防止盾构后退。推进速度由千斤顶的推力和出土量决定，推进速度过快或过慢都不利于盾构的姿态控制，速度过快易使盾构上抛，速度过慢易使盾构下沉。因拼砌管片时，需缩回千斤顶，这就易使盾构后退引起土体损失，造成切口上方土体沉降。

（3）合理确定土舱内压力。在土压平衡盾构机施工中，要对土舱内压力进行设定，密封土舱的压力要求与开挖面的土压力大致相平衡，这是维持开挖面稳定、防止地表沉降的关键。

（4）控制盾构姿态和偏差量。盾构姿态包括推进坡度、平面方向和自身转角三个参数。影响盾构姿态的因素有出土量的多少、覆土厚度的大小、推进时盾壳周围的注浆情况、开挖面土层的分布情况等。比如盾构在砂性土层或覆土厚度较小的土层中顶进就容易上抛，解决办法主要依靠调整千斤顶的合力位置。

盾构前进的轨迹为蛇形，要保证盾构按设计轨迹掘进，就必须在推进过程中及时通过测量了解盾构姿态，并进行纠偏，控制好偏差量，过大的偏差量会造成过多的超挖，影响周围土体的稳定，造成地表沉降。

（5）控制土方的挖掘和运输。在网格式盾构施工过程中，挖土量的多少与开口面积和推进速度有关，理想的进土状况是进土量刚好等于盾构机推进距离的土方量，而实际上由于许多网格被封，使进土面积减小，造成推进时土体被挤压，引起地表隆起。因而要对进土量进行测定，控制进土量。

在土压平衡式盾构施工过程中，挖土量的多少是由切削刀盘的转速、切削扭矩以及千斤顶的推力决定；排土量的多少则是通过螺旋输送机的转速调节。因为土压平衡式盾构是借助土舱内压力来平衡开挖面的水、土压力，为了使土舱内压力波动较小，必须使挖土量和排土量保持平衡。排土量小会使土舱内压力大于地层压力，从而引起地表隆起，反之会引起地表沉降。因此在施工中要以土舱内压力为目标，经常调节螺旋机的转速和千斤顶的推进速度。

（6）控制管片拼砌的环面平整度。管片拼砌工作的关键是保证环面的平整度，往往由于环面不平整造成管片破裂，甚至影响管道曲线。同时，要保证管片与管片之间以及管片与盾尾之间的密封性，防止管道涌水。

（7）控制注浆压力和压浆量。盾构外径大于衬砌外径，衬砌管片脱离盾尾后在衬砌外围就形成一圈间隙，因此要及时注浆，否则容易造成地表沉降。注浆时要做到及时、足量，浆液体积收缩小，才能达到预期的效果。一般压浆量为理论压浆量（等于施工间隙）的140%～180%。

注浆入口的压力要大于该点的静水压力与土压力之和，尽量使其足量填充而不劈裂。但注浆压力不宜过大，否则管片外的土层被浆液扰动易造成较大的后期沉降，并容易跑浆。注浆压力过小，浆液填充速度过慢，填充不足，也会使地层变形增大。

综合以上这些施工环节，可以设定施工的控制参数。通过这些参数的优化和匹配使盾构达到最佳推进状态，即对周围地层扰动小、地层位移小、超空隙水压力小，以控制地面的沉降和隆起，保证盾构推进速度快，隧道管片拼砌质量好。

一般盾构施工前应进行一段试掘进（目前上海地区为60～100m；日本为5～20m），通过试掘进，并结合地层变化等环境参数，合理优化确定盾构的掘进参数。

5.2.6 质量验收标准

1. 钢筋混凝土管片的质量标准

（1）外观质量。混凝土面外光内实，色差均匀，不得有裂缝或缺棱掉角。

（2）外形尺寸允许偏差：①宽度±0.5mm；②厚度+3mm，−2mm；③螺孔间距1mm；④混凝土保护层厚度不小于50mm。

2. 施工质量标准

在给排水管道工程施工中，盾构法施工大部分用于穿越市区的建筑群及城市道路，地层中有交叉的各类地下管线，为使盾构推进施工中不影响临近建筑物及地下管线的正常使用，规定了如下标准：①地表沉降及隆起量−30mm，+20mm；②轴线平面高程偏差允许值±100mm；（施工阶段控制在±50mm）；③管片水平内径与垂直直径的差值25mm；④拱底块定位偏差3mm；⑤管片相邻环高差不大于4mm；⑥防水标准不允许有滴漏、线漏；⑦渗水量小于0.1kg/(m^2·d)。

第 6 章

给排水管道附属构筑物

6.1　排水管道检查井

排水检查井根据使用要求分雨水检查井和污水检查井。按照砌筑的方式和材料可分为砖砌检查井，现浇混凝土、钢筋混凝土检查井、预制装配式检查井等。检查井的形式分圆形、扇形、矩形及异形井等；根据接入管径、方向、转角、覆土深度、有无井室盖板等条件选择井型。

6.1.1　检查井施工

1. 检查井的位置和间距

检查井通常设在管渠交汇、转弯、管渠尺寸或坡度改变、跃水等处以及相隔一定距离的直线管渠段上。检查井在直线管渠段上的最大间距，一般按表 6.1 采用。

表 6.1　　　　　　　　　　　　检查井的最大间距

管径或暗渠净高/mm	最大间距/m		管径或暗渠净高/mm	最大间距/m	
	污水管道	雨水（合流）管道		污水管道	雨水（合流）管道
200～400	40	50	1100～1500	100	120
500～700	60	70	1600～2000	120	120
800～1000	80	90	>2000	可适当增大	

2. 检查井的构造

检查井一般采用圆形，由井底（包括基础）、井身和井盖（包括盖座）三部分组成，如图 6.1 所示。井底一般采用低标号混凝土，基础采用碎石、卵石、碎砖夯实或 C15 混凝土。

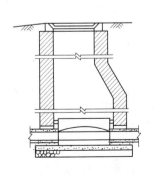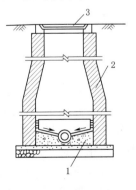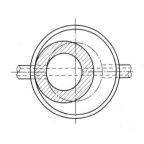

图 6.1　检查井的构造
1—井底；2—井身；3—井盖

为使水流通过检查井时阻力较小，井底宜设半圆形或弧形流槽。污水管道的检查井流槽顶与上、下游管道的管顶相平，或与 0.85 倍大管管径处相平，雨水管渠和合流管渠的检查井槽顶可与 0.5 倍大管管径处相平。流槽两侧至检查井井壁间的底板（称沟肩）应有一定宽度，一般不小于 200mm，以便养护人员下井时立足，并应有 2‰～5‰ 的坡度坡向流槽，以防检查井积水时淤泥沉积。检查井井底各种流槽的平面形式如图 6.2 所示。

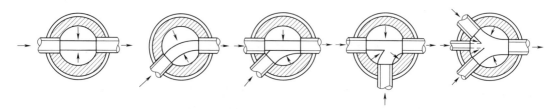

图 6.2　检查井井底流槽的形式

检查井井身的材料可采用砖、石、混凝土或钢筋混凝土。井身的平面形状一般为圆形，但在大直径管道的连接处或交汇处，可做成方形、矩形或其他各种不同的形状。井身的构造与是否需要工人下井有密切关系。不需要下人的浅井井身构造简单，为直壁圆筒形；需要下人的井在构造上分为工作室、渐缩部和井筒三部分。

井盖可采用铸铁或钢筋混凝土材料，在车行道上一般采用铸铁。为防止雨水流入，盖顶可略高出地面。盖座采用铸铁、钢筋混凝土或混凝土材料制作。现在一般都是厂家预制，图 6.3 为轻型铸铁井盖及盖座，图 6.4 为轻型钢筋混凝土井盖及盖座。

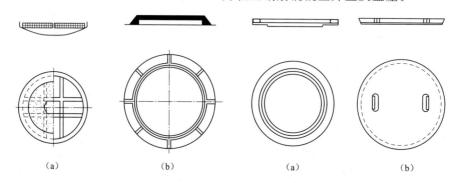

（a）　　　　　　（b）　　　　　　　　（a）　　　　　　（b）

图 6.3　轻型铸铁井盖及盖座　　　　图 6.4　轻型钢筋混凝土井盖及盖座
（a）井盖；（b）盖座　　　　　　　　（a）井盖；（b）盖座

6.1.2　砖砌检查井

1. 砌筑形式

砌筑形式主要有一顺一丁、三顺一丁、全丁等，如图 6.5、图 6.6 所示。

（1）一顺一丁。一顺一丁是一皮全部顺砖与一皮全部丁砖间隔砌成。上下皮竖缝相互错开 1/4 砖长。这种砌法效率较高，适用于砌一砖、一砖半及二砖墙。

（2）三顺一丁。三顺一丁是三皮全部顺砖与一皮全部丁砖间隔砌成。上下皮顺砖间竖缝错开 1/2 砖长；上下皮顶砖与丁砖间竖缝错开 1/4 砖长。这种砌法因顺砖较多，效率较

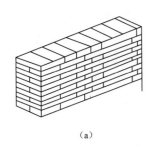
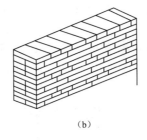

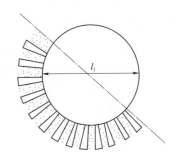

图 6.5　砖墙组砌形式

（a）一顺一丁；（b）三顺一丁

图 6.6　全丁砌法

高，适用于砌一砖、一砖半墙。

（3）全丁。全丁砌法是各皮全用丁砖砌筑，上下皮竖缝相互错开。这种砌法适用于砌筑圆形砌体，如检查井等。

2. 砌筑工艺

砖墙的砌筑一般有抄平、放线、摆砖、立皮数杆、盘角、挂线、砌筑、勾缝、清理等工序。

（1）抄平、放线。砌墙前先在基础底板上定出标高，并用水泥砂浆或 C10 细石混凝土找平，然后根据龙门板的轴线，弹出墙身轴线、边线及门窗洞口位置，二楼以上墙的轴线可以用经纬仪或垂球将轴线引测上去。

（2）摆砖。摆砖又称摆脚，是指在放线的基面上按选定的组砌方式用干砖试摆，目的是为了校对所放出的墨线是否符合砖的模数，以尽可能减少砍砖，并使砌体灰缝均匀。摆砖由一个大角到另一个大角，砖与砖留 10mm 缝隙。

（3）立皮数杆。立皮数杆是指在其上划有每皮砖和灰缝厚度等高度位置的一种木制标杆。砌筑时用来控制墙体竖向尺寸及各部位构件的竖向标高，并保证灰缝厚度的均匀性。

（4）盘角、挂线。盘角是控制墙面横平竖直的主要依据，所以一般砌筑时应先砌墙角。墙角砖层高度必须与皮数杆相符合，做到"三皮一吊，五皮一靠"，墙角必须双向垂直。

墙角砌好后，即可挂小线，作为砌筑中间墙体的依据，以保证墙面平整，一般一砖墙、一砖半墙可用单面挂线，一砖半墙以上则应用双面挂线。

（5）砌筑、勾缝。砌筑操作方法各地不一，但应保证砌筑质量要求，通常采用"三一砌砖法"，即一块砖、一铲灰、一揉压，并随手将挤出的砂浆刮去的砌筑方法。这种砌法的优点是灰缝容易饱满、固结力好、墙面整洁。

勾缝是砌清水墙的最后一道工序，可以用砂浆随砌随勾缝，叫作原浆勾缝；也可砌完墙后再用 1：1.5 的水泥砂浆或加色砂浆勾结，称为加浆勾缝。勾缝具有保护墙面和增加墙面美观的作用，为了确保勾缝质量，勾缝前应清除墙面黏结的砂浆和杂物，并洒水润湿，在砌完墙后，应画出 1cm 的灰槽，灰缝可勾成凹、平、斜或凸形状，勾缝完后还应清扫墙面。

3. 砖砌检查井的施工

检查井一般分为现浇钢筋混凝土、砖砌、石砌、混凝土或钢筋混凝土预制拼装等结构形式，以砖（或石）砌检查井居多。

（1）常用的检查井形式。常用的砖砌检查井有圆形及矩形。圆形井适用于管径 $D=200\sim800mm$ 的雨、污水管道上；矩形井适用于 $D=800\sim2000mm$ 的污水管道上。

（2）采用材料。

1）砖砌体：采用 MU10 砖，M7.5 水泥砂浆；井基采用 C10 混凝土。

2）抹面：采用 1：2（体积比）防水水泥砂浆，抹面厚 20mm，砖砌检查井井壁内外均用防水水泥砂浆抹面，抹至检查井顶部。

3）浇槽：采用土井墙一次砌筑的砖砌流槽，如采用 C10 混凝土时，浇筑前应先将检查井之井基、井墙洗刷干净，以保证共同受力。

（3）施工要点。

1）在已安装好的混凝土管检查井位置处，放出检查井中心位置，按检查井半径摆出井壁砖墙位置。

2）一般检查井用 24 墙砌筑，采用内缝小外缝大的摆砖方法，满足井室弧形要求。外灰缝填碎砖，以减少砂浆用量。每层竖灰缝应错开。

3）对接入的支管随砌随安装，管口伸入井室 30mm，当支管管径大于 300mm 时，支管顶与井室墙交接处用砌拱形式，以减轻管顶受力。

4）砌筑圆形井室应随时检查井径尺寸。当井筒砌筑距地面有一定高度时，井筒量边收口，每层每边最大收口 3cm；当偏心三面收口每层砖可收口 4～5cm。

5）井室内踏步，除锈后，在砌砖时用砂浆填塞牢固。

6）井筒砌完后，及时稳好井圈、盖好井盖，井盖面与路面平齐。

（4）施工注意事项。

1）砌筑体必须砂浆饱满、灰浆均匀。

2）预制和现浇混凝土构件必须保证表面平整、光滑、无蜂窝麻面。

3）壁面处理前必须清除表面污物、浮灰等。

4）盖板、井盖安装时加 1：2 防水水泥砂浆及抹三角灰，井盖顶面要求与路面平。

5）回填土时，先将盖板坐浆盖好，在井墙和井筒周围同时回填，回填土密实度根据路面要求而定，但不应低于 95％。

6.1.3　预制检查井

预制检查井安装主要分为以下几种：

（1）应根据设计的井位桩号和井内底标高，确定垫层顶面标高、井口标高及管内底标高等参数，作为安装的依据。

（2）按设计文件核对检查井构件的类型、编号、数量及构件的重量。

（3）垫层施工不得扰动井室地基，垫层厚度和顶面标高应符合设计规定，长度和宽度要比预制混凝土底板的长、宽各大 100mm，夯实后用水平尺校平，必要时应预留沉降量。

（4）标示出预制底板、井筒等构件的吊装轴线，先用专用吊具将底板水平就位，并复核轴线及高程，底板轴线允许偏差±20mm，高程允许偏差为±10mm。底板安装合格后再安装井筒，安装前应清除底板上的灰尘和杂物，并按标示的轴线进行安装。井筒安装合格后再安装盖板。

(5) 当底板、井筒与盖板安装就位后，再连接预埋连接件，并做好防腐。然后将边缝润湿，用1:2水泥砂浆填充密实，做成45°抹角。当检查井预制件全部就位后，用1:2水泥砂浆对所有接缝进行里、外勾平缝。

(6) 最后将底板与井筒、井筒与盖板的拼缝，用1:2水泥砂浆填满密实，抹角应光滑平整，水泥砂浆标号应符合设计要求。当检查井与刚性管道连接时，其环形间隙要均匀、砂浆应填满密实；与柔性管道连接时，胶圈应就位准确、压缩均匀。

6.1.4 现浇检查井施工

(1) 按设计要求确定井位、井底标高、井顶标高、预留管的位置与尺寸。

(2) 按要求支设模板。

(3) 按要求拌制并浇筑混凝土。先浇底板混凝土，再浇井壁混凝土，最后浇顶板混凝土。混凝土应振捣密实，表面平整、光滑，不得有漏振、裂缝、蜂窝和麻面等缺陷；振捣完毕后进行养护，达到规定的强度后方可拆模。

(4) 井壁与管道连接处应预留孔洞，不得现场开凿。

(5) 井底基础应与管道基础同时浇筑。

6.1.5 检查井施工质量要求

砌筑检查井时，不得有通缝，砂浆要饱满，灰缝平整，抹面压光，不得有空鼓、裂缝等现象。井内流槽应平顺，踏步安装应牢固准确，井内不得有建筑垃圾等杂物。井盖要完整无损，安装平稳，位置正确。检查井施工的允许偏差见表6.2。

表 6.2   检查井施工的允许偏差

项 目			允许偏差/mm	检验频率		检验方法
				范围	点数	
井身尺寸	长、宽		±20	每座	2	用尺量，长宽各计一点
	直径		±20	每座	2	用水准仪测量
井口高程	非路面		±20	每座	1	用水准仪测量
	路面		与道路规定一致	每座	1	用水准仪测量
井底高程	安管	D<1000	±10	每座	1	用水准仪测量
		D>1000	±15	每座	1	用水准仪测量
	顶管	D<1500	+10，-20	每座	1	用水准仪测量
		D>1500	+10，-40	每座	1	用水准仪测量
踏步安装	水平及竖直间距外露长度		±10	每座	1	用尺量，计偏差较大者
脚窝	高、宽、深		±10	每座	1	用尺量、计偏差较大者
流槽宽度			+10	每座	1	用尺量

6.2 阀 门 井

6.2.1 阀门井概述

管网中的附件一般应安装在阀门井内。为了降低造价，配件和附件应布置紧凑。阀门井的平面尺寸取决于水管直径以及附件的种类和数量，但应满足阀门操作和安装拆卸各种附件所需的最小尺寸。井的深度由水管埋设深度确定。但是井底到水管承口或法兰盘底的距离至少为 0.1m，法兰盘和井壁的距离宜大于 0.15m，从承口外缘到井壁的距离应在 0.3m，以便于接口施工。

砌筑材料：阀门井一般用砖砌，也可用石砌或钢筋混凝土建造。无地下水时，可选用砖砌立式闸阀井；但有地下水时应用钢筋混凝土立式闸阀井。

阀门井的形式根据所安装的附件类型、大小和路面材料而定。例如直径较小、位于人行道上或简易路面以下的阀门，可采用阀门套筒（图 6.7），但在寒冷地区，因阀杆易被渗漏的水冻住影响开启，所以一般不采用阀门套筒。安装在道路下的大阀门，可采用图 6.8 所示的阀门井。位于地下水位较高处的阀门井，井底和井壁应不透水，在水管穿越井壁处应保持足够的水密性，并且应具有抗浮的稳定性。

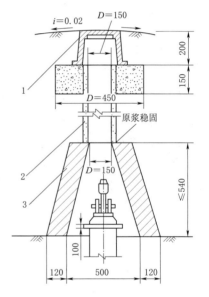

图 6.7　阀门套筒砖砌立式闸阀
（单位：mm）

1—铸铁阀门套筒；2—混凝土管；
3—砖砌井

6.2.2 阀门井施工要求

1. 材料要求

用于井室浇筑的钢筋、水泥、粗细骨料及混凝土外加剂等材料，应有出厂合格证，并经取样试验合格，其规格、型号符合要求。各种材料在施工现场的储存和防护应满足要求。

2. 基坑开挖

基坑开挖坡度可根据土壤性质进行适当调整，一般不应大于 45°。基抗开挖至标高时，若地基土是很软的淤泥土，应相应挖深，挖至老土或一般的淤泥土为止，然后以中粗砂回填至设计标高。

3. 井身砌筑和混凝土浇筑施工要求

阀门井砌筑及井室浇筑井室除底板外应在铺好管道、装好阀门之后着手修筑，接口和法兰不得砌筑井外，且与井壁、井底的距离不得小于 0.25m。雨天砌浇筑井室，须在铺筑管道时一并砌好，以防雨水汇入井室而堵塞管道。当盖板顶面在路面时，盖板顶面标高与路面标高应一致，误差不超过 25mm，当为非路面时，井口略高于地面，且做 0.02 的比降护坡。

施工中应严格执行有关规范和操作规程，并应符合设计图纸要求。砖砌圆形检查井

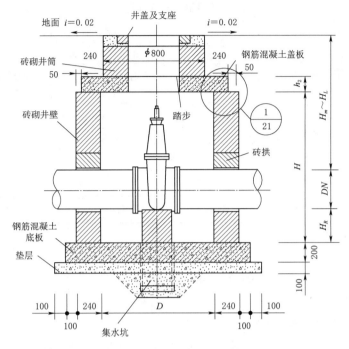

图 6.8　寒冷地区阀门套筒砖砌立式闸阀（单位：mm）

的施工应在管线安装之后，首先按设计要求浇筑混凝土底板，待底板混凝土强度不小于5MPa后方可进行井身砌筑。用水冲净基础后，先铺一层砂浆，再压砖砌筑，必须做到满铺满挤，砖与砖之间灰缝保持1cm，砖缝应砂浆饱满，砌筑平整。在井室砌筑时，应同时安装踏步，位置应准确，踏步安装后，在浇筑混凝土未达到规定抗压强度前不得踩踏。

砌筑时认真操作，管理人员严格检查，选用同厂同规格的合格砖，砌体上下错缝、内外搭砌、灰缝均匀一致，水平灰缝凹面灰缝，宜取 5~8mm，井里口竖向灰缝宽度不小于5mm，边铺浆边上砖，一揉一挤，使竖缝进浆，收口时，层层用尺测量，每层收进尺寸，四面收口时不大于3cm，偏心收口时不大于5cm，保证收口质量。井筒内壁应用原浆勾缝，井室内壁抹面应分层压实，盖板下的井室最上一层砖砌丁砖。

井盖须验筋合格方可浇筑，现浇筑混凝土施工应严格遵守常规混凝土浇筑和养护的要求，保证拆模后没有露筋、蜂窝和麻面等现象，留出试块进行强度试验。井室完工后，及时清除聚积在井内的淤泥、砂浆、垃圾等物。

4. 土方回填

回填工作在管道安装完成，并经验收合格后进行，槽底杂物要清除干净。井室等附属构筑物回填要求四周对称同时进行，分层夯实，压实系数不小于0.95；无法夯实之处必要时可回填低标号混凝土。与本管线交叉的其他管线或构筑物，回填时要妥善处理。

6.2.3　质量要求

阀门井施工允许误差应符合表 6.3 的规定。

表 6.3　　　　　　　　　　　　　　　阀门井施工允许误差

项目		允许误差/mm	检验频率		检验方法
			范围	点数	
井身尺寸	长、宽	±20	每座	2	用尺量，长宽各计 1 点
	直径	±20	每座	2	用尺量
井盖高程	非路面	±20	每座	1	用水准仪测量
	路面	与道路规定一致	每座	1	用水准仪测量
底高程	$D<1000$	±10	每座	1	用水准仪测量
	$D>1000$	±15	每座	1	用水准仪测量

注　表中 D 为管径，mm。

6.3　雨　水　口

6.3.1　雨水口的位置、间距和数量

雨水口的设置位置应能保证迅速有效地收集地面雨水。一般应在道路交叉口、路侧边沟的一定距离处以及低洼处设置，以防雨水浸过道路或造成道路及低洼地区积水而妨碍交通。雨水口在交叉口处的布置如图 6.9 所示。

在直线道路上的间距一般为 25～50m（视汇水面积的大小而定），在低注和易积水的地段，应根据需要适当缩小雨水口的间距、增加雨水口的数量。在确定雨水口的间距和数量时，还要考虑道路的纵坡和路边石的高度，尽量保证雨水不漫过道路。

6.3.2　雨水口的构造

如图 6.10 所示，雨水口包括进水算、井筒和连接管三部分。

进水算可用炼铁、钢筋混凝土或石料制成。实践证明，采用钢筋混凝土或石料进水算虽可节约钢材，降低造价，但其进水能力远不如铸铁进水算。为了加大进水能力，也可设置成纵横交错式或联合式雨水口（图6.11）。

雨水口的井筒可用砖砌或用钢筋混凝土预制，也可采用预制的混凝土管，井筒深度一般不大于 1m。在有冻胀影响的地区，可根据经验适当加大。雨水口由连接

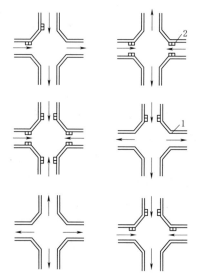

图 6.9　道路交叉口雨水口布置
1—路边石；2—雨水口

管与道路雨水管渠或合流管渠的检查井相连接。连接管的最小管径为 200mm，坡度一般为 0.01，长度不宜超过 25m，接在同一连接管上的雨水口一般不宜超过 3 个。

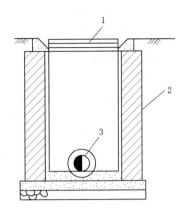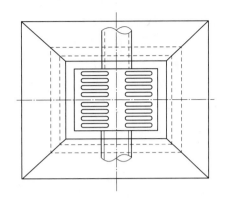

图 6.10 平箅雨水口

1—进水箅；2—井筒；3—连接管

6.3.3 施工工艺

以砖砌井筒的雨水口为例介绍雨水口的施工。砌筑前按道路设计边线和支管位置，定出雨水口的中心线桩，使雨水口一条长边必须与道路边线重合。按雨水口中心线桩开槽，注意留出足够的施工宽度，开挖至设计深度。槽底要仔细夯实，遇有地下水时应排除地下水并浇筑 C15 混凝土基础。要点如下：

（1）按道路设计边线及支管位置，定出雨水口中心线桩，使雨水口的长边与道路边线重合（弯道部分除外）。

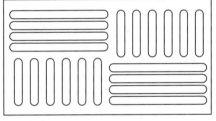

图 6.11 纵横交错式排列的进水箅

（2）根据雨水口的中心线桩挖槽，挖槽时应留出足够的位置，每侧宜留出 300～500mm 的施工宽度。如雨水口位置有误差应以支管为准进行核对，平行于路边修正位置，并挖至设计深度。

（3）夯实槽底：有地下水时应排除并浇筑 100mm 的细石混凝土基础；为松软土时应夯筑 3:7 灰土基础，然后砌筑井墙。

（4）砌筑井墙：

1）按井墙位置挂线，先干砌一层井墙，并校对方正。一般井墙内口为 680mm×380mm 时，对角线长 779mm；内口尺寸为 680mm×410mm 时，对角线 794mm；内口尺寸为 680mm×415mm 时，对角线长 797mm。

2）雨水口井墙厚度一般为 240mm，用 MU10 砖和 M10 水泥砂浆按一顺一丁的形式组砌，随砌、随刮平缝，每砌高 300mm 应将外墙肥槽及时填土夯实。

3）砌至雨水口连接管或支管处应满卧砂浆，砌砖已包满管道时应将管口周围用砂浆抹严、抹平，不能有缝隙，管顶砌半圆砖券，管口应与井墙面平齐。当雨水连接管或支管与井墙必须斜交时，允许管口进入井墙 20mm，另一侧凸出 20mm，超过此限时必须调整雨水口位置。

4）井口应与路面施工配合同时升高，当砌至设计标高后再安装雨水箅。雨水箅安装好后，应用木板或铁板盖住，以免在道路面层施工时，被压路机压坏。

5）井底用 C10 细石混凝土抹出向雨水口连接管集水的泛水坡。

（5）安装井箅

井箅内侧应与道牙或路边成一条直线，满铺砂浆，找平坐稳，井箅顶与路面平齐或稍低，但不得凸出。现浇井箅时，模板支设应牢固、尺寸准确，浇筑后应立即养护。

6.3.4　注意事项与质量要求

1. 注意事项

（1）位置符合要求，不得歪扭。

（2）井箅与井墙应吻合。

（3）井箅与道路边线相邻边的距离应相等。

（4）内壁抹面必须平整，不得起壳裂缝。

（5）井箅必须完整无损、安装平稳。

（6）井内严禁有垃圾等杂物，井周回填土必须密实。

（7）雨水口与检查井的连接应顺直、无错口；坡度应符合设计规定。

2. 质量要求

雨水口施工允许误差应符合表 6.4 的规定。

表 6.4　　　　　　　雨 水 口 允 许 误 差

| 序号 | 检查项目 | 允许偏差/mm | 检查数量 | | 检查方法 |
			范围	点数	
1	井框、井箅吻合	≤10	每座	1	用钢尺量测较大值（高度、深度亦可用水准仪测量）
2	井口与路面高差	−5，0			
3	雨水口位置与道路边线平行	≤10			
4	井内尺寸	长、宽：+20，0			
		深：0，−20			
5	井内支、连管管口底高度	0，−20			

6.4　排　　水　　井

在明槽施工边坡稳定、渗流量小时，常用集水井（排水井）、排水沟收集从槽壁、槽底渗出的地下水，由排水井内提升送至沟槽以外的排水方法，称为排水井（集水井）排水。

6.4.1　排水井的种类与选用

依据土质、水文情况，沟槽宽窄深浅，工期长短，气象条件，物资供应情况等。排水井可做成小型、简易、大型、深井等多种，并可辅以不同构造的排水沟、盲沟等组成排水系统。

1. 小蹲井

（1）适用条件。小跨井排水系统是最简单的排水方法，一般用于槽底和水下部分槽壁都是黏性土、槽底以下 0.5m 以内土质无大变化、土槽稳定、渗水量小、降水深度小（水位下降值在 0.3～1.2m）等条件下。

（2）基本构造。

1）跨井。井跨在槽底边外，口径 60～80cm，井深 0.5～1.0m，自然削壁，进水口很短。根据土质、水量和操作情况，也可加荆笆、柳筐或混凝土花管、无砂管等保护井壁，荆笆、卵石封底，便于抽升清水、保护水泵。

2）抽升。人工提升、农排泵、离心泵等，根据水量、水深选择抽升方式与设备，但须做好槽上排水系统，防止回流与回渗。

3）集水沟。在沟槽底两侧挖小土沟（梯形断面，深 10～20cm）作为集水沟坡向跨井，坡度应陡于 1‰，集水沟与槽底顺坡段同集水沟槽底反坡段长度之比约为 2:1。沟槽两侧之集水沟，每隔 10～20m 连通一次。如土质不好或操作有问题也可以铺、填卵石，贴草蓆、荆笆等加固。

2. 排水井

排水井示意图如图 6.12 所示，适用条件为：土槽基本稳定，个别地段须敷荆笆，土质仍属黏性或微有沙性，水量较大，水不承压，无穿透，无流砂，降水深度 1～2m；暴雨季节，沟槽较宽。

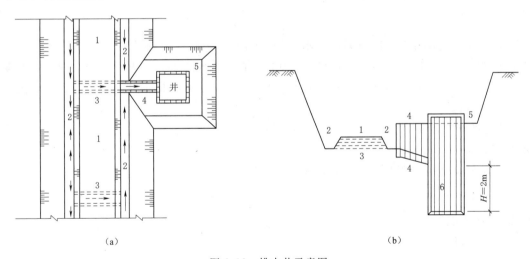

图 6.12 排水井示意图

（a）平面图；（b）剖面图

1—大槽底；2—排水沟；3—截流沟、连通盲沟、连通管；4—进水口；5—排水井；6—存水量

（1）排水井身。尺寸 1～2m，木板支荆笆，荆笆封底压卵石，井深 2m 左右，安装水泵。开挖过程辅助农排泵或小水泵。若土质较差可采用密板桩或企口板桩随挖井随打入或随打入随挖井，封底困难也可用井内加混凝土管或大井中加小井。

（2）进水口。排水井位须跨在槽外，井边至槽底边为进水口，进水口长度大于 1.2m，用荆笆短板护壁支撑；进水口段排水管覆盖卵石，进水口与排水井壁交接处做提拉板门控制进水。

（3）排水沟、排水管。沟槽底一侧、两侧或中间，挖梯形排水沟，深 20～30cm，坡向排水井。两井之间的排水沟可以全段流向下游，也可以大部流向下游（顺坡），小部分反坡流向上游排水井。大型排水井间距较大，若槽底坡度较小，也可布置排水沟 1/3 与槽底反坡，2/3 与槽底顺坡，向排水井排水。

依据水文、土质、季节情况，排水沟可采用土沟、板框、荆笆、卵石、排水花管、短承插缸瓦管覆盖卵石等不同构造。

3. 管井、沉井

土质复杂、渗水量大，槽底较宽，雨季受水面大，槽深较深，渗透系数较小，砂性土，粉土为主，又不具备采用井点施工条件时，常采用大口径管井和沉井，即带孔混凝土管做井壁的排水井。

（1）井身。

1）挖井下管。条件较好可用小井挖大井，大井下直径 1.25～1.50m 混凝土管，管壁凿孔以渗水，管外填滤料稳定土壁。井深要在槽底以下 1.5～2.0m，封底可用荆笆上覆卵石，一般保持 1.5m 左右的存水量。

2）沉井下管井。土质较差，可采用人工挖掘沉管、水冲挖掘沉管或振动沉管等作管井排水井，人工挖掘时须小井降水施工（即井内小井）。

（2）进水口、排水沟见本节排水井。

6.4.2　排水井的布置

排水井一般布置在沟槽一侧，进水口伸向沟槽，在槽底一侧或两侧或中心布置排水沟，将水引向进水口，当两侧设排水沟时则以横截暗沟相连通；在两排水井之间的排水沟一般有 2/3 顺坡流向下游排水井，1/3 反坡流向上游排水井。排水井的平面图、剖面图如图 6.12 所示。

排水井的间距依水泵和槽内涌水量计算确定。通常小跨井 30～50m，即设一个大型排水井，井距 75～150m。

进水口长度，即排水井外缘至沟槽底边的距离，大型排水井的进水口长度黏性土一般保持 1～2m，砂性土要保证 2～4m。

6.4.3　施工要求

1. 基本要求

（1）在施工全过程中，槽内不积水。

（2）边坡稳定，槽底不扰动。

（3）保证地上地下邻近建筑物的安全。

2. 查清基本资料

（1）管道结构种类及设计对地基的要求。

（2）沟槽深度、施工方法（机挖、人工、机挖人清）、有无支撑及支撑种类。

（3）工期条件和施工季节。

（4）地下水位、地层土质、渗透系数、影响半径、地下水性质等水文地质资料。

（5）施工环境，地上地下障碍物情况，地表水系（天然水系与灌溉系统），附近河、湖、水渠、排水管道的资料。

（6）气温、降水等水文气象资料。

（7）天然水系、灌溉系统、排水管道等对沟槽的影响和对施工排水的影响。

（8）附近地上地下建筑物的结构、基础作法和高程。

（9）防洪设施及人力抢险条件。

（10）可能供应的排水设备与器材。

3. 排水井适用条件

（1）槽坡、槽底土质为稳定土，水下土质为黏土或高液限细粒土。

（2）能采取其他措施稳定槽坡、槽底时，如支撑、盲沟、防渗墙等。

（3）施工场地宽阔，槽上通行便利，排水井组容易设置。

（4）槽底以上水位浅，水量小。

6.4.4 施工注意事项

1. 施工要点

（1）充分调查研究，选好方案。

（2）开挖排水井要狠、深、快、连续作业，一气呵成，决策迅速，不得敷衍凑合。

（3）材料供应必须及时，不得停工待料。

（4）排水井封底。大型排水井、大口径混凝土管排水井，要及时封底。当设计井深时，充分考虑水泵及存水量，并加上封底厚度。依据具体情况，可采用木盘麻袋封底，荆笆拍子封底，上压块石，铺卵石等做法。必须考虑抗浮，事先计算好重量、数量、尺寸，配好材料，一经挖到底，立即封底、压实、塞严、卡紧。排水井封底必须迅速准确，取较大的安全系数，防止涌塌，事倍功半。

（5）排水井上部支撑必须牢固，并做好交通道，保证抽水设备安装、维护、排水井掏挖方便。

2. 排水井及其系统的维护

（1）随时注意观察排水井上部支撑的变化，防止塌移，并注意疏通上部排水沟，保证抽上去的水不致反流或反渗回沟槽内。

（2）注意泵座、井身的稳定，观察水质变化，防止井壁水土流失而毁井，应保持清水抽升，不准井壁渗流泥砂或由于存水量不足而扰动井底，随时调整泵的抽水量。

（3）随时清挖，整修进水口，保持进水口稳定、通畅，防止塌方，应加支撑或板桩。

（4）经常掏挖排水井的淤泥，保持存水深度，正常抽水。

（5）排水系统维护。

1）排水沟必须保持水流断面，不得阻水，随时清挖保持坡度不小于1%，若沟坡不稳时可加小桩挤木板支撑。

2）随时疏通排水管，清洁石料，保持流水畅通，如承插口进水的缸瓦管，须仔细检查接口处进水情况，调整石料，保持进水通畅。

3）槽底横向连通线一般埋管或填卵石，要保持顺畅地将另一侧的水引入排水井。

4）进水口应随时加固支撑，防止塌槽。

5）排水井要安全、防雨、防漏电，保证运行安全、连续。

6）设备要有备用，抽水不可停、断，保证水位。

7）安排好沟槽施工程序；先挖排水井，抽水见效，自井向远挖槽，随挖槽紧跟排水沟，先排水，后挖槽，紧密配合，先降排水沟后挖槽，动态配合，挖干槽。

8）排水井及其系统施工及维护均应自近至远，阶梯式动态配合，不可彼此不顾。

6.5　跌　水　井

6.5.1　跌水井设置情形

跌水井是有消能设施的检查井。当上、下游管底标高落差小于1m时，一般只将检查井底部做成斜坡，不采取专门的跌水措施。当上、下游管底标高落差大于1m且遇到下列情况之一时，应设跌水井：

（1）管道垂直于陡峭地形的等高线布置，按照原定坡度将要露出地面处。

（2）管道遇地下障碍物，必须跌落才能通过处。

（3）当淹没排放时，在出水口前的一个检查井处。

除以上特殊情况外，一般上、下游管底标高落差在1～2m时宜设跌水井，当上、下游管底标高落差大于2m时，必须设跌水井。

6.5.2　跌水井的形式与构造

目前，常用的跌水井有两种形式，即竖管式和溢流堰式。竖管式跌水井适用于直径等于或小于400mm的管道。当管径不大于200mm时，一次落差不宜超过6m，当管径为300～400mm时，一次落差不宜超过4m。这种跌水井一般不作水力计算，其构造如图6.13所示。

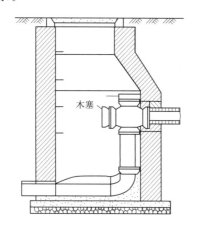
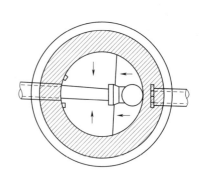

图 6.13　竖管式跌水井

溢流堰式跌水井适用于直径在400mm以上的管道。它的主要尺寸（包括井长、跌水水头高度）及跌水方式等均应通过水力计算求得。这种跌水井的构造如图6.14所示，它可用阶梯形跌水方式代替。

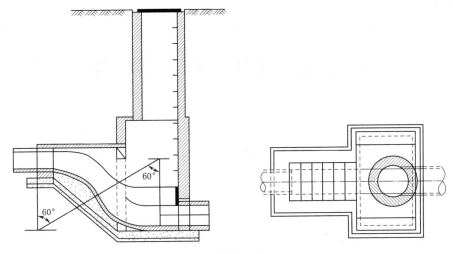

图 6.14　溢流堰式跌水井

6.5.3　跌水井施工

跌水井施工方法同检查井。

6.6　水　封　井

6.6.1　水封井的设置位置

当生产污水能产生引起爆炸或火灾的气体时，其排水管道系统中必须设水封井。水封井的位置应设在产生上述污水的生产装置、贮罐区、原料贮运场地、成品仓库、容器洗涤车间等的污水排出口处以及适当距离的干管上，不宜设在车行道和行人众多的地段，并应适当远离产生明火的场地。

6.6.2　水封井的构造

水封井的构造如图 6.15 所示，水封深度一般采用 0.25m，井上宜设通风管，井底宜设沉泥槽。

6.6.3　水封井施工

水封井施工方法同检查井。

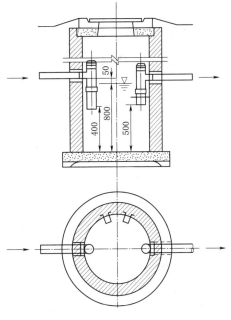

图 6.15　水封井（单位：mm）

125

第7章

给排水管道施工组织与管理

7.1 给排水工程施工组织及其设计

7.1.1 给排水管道施工组织

1. 施工组织

给排水管道工程施工组织是根据批准的给排水管道工程建设计划、设计文件（施工图）和工程承包合同，对其从开工到竣工交付使用全过程所进行的计划、组织、控制等活动的统称。

施工组织是以科学方法编制的指导施工技术纲领性文件，以组织施工设计为研究对象，合理地安排与使用人力、物力、空间、时间，着眼于工程施工中关键工序的安排，使之更有组织、有秩序地完成施工。

2. 施工组织的方法、特点及其任务

（1）施工组织方法。施工组织一般可分为顺序施工法，平行施工法和流水施工法三种。

1）顺序施工法。顺序施工法是指将拟建工程项目中的每一个施工对象分解为若干个施工过程，按施工工艺要求依次完成每一个施工过程；当一个施工对象完成后，再按同样的程序完成下一个施工对象，依次类推，直至完成所有施工对象。

2）平行施工法。平行施工法是组织几个劳动组织相同的施工队，在同一时间内，不同的空间，按施工工艺要求完成各个施工对象。

3）流水施工法。流水施工法是将拟建工程项目中的每一个施工对象分解为若干个施工过程，并按照施工过程成立相应的专业施工队，各个施工过程陆续性开工与竣工，各专业队控照施工程序依次完成各个施工对象的施工过程，同时保证施工在时间和空间上连续、均衡和有节奏地进行，使相邻两专业队能最大限度地搭接作业。

为了更进一步说明此三种施工方法的特点，现以某排水管道工程为例，比较它们在施工期内，施工进度与施工人员之间的关系。

某排水管道工程分为甲、乙、丙，3段施工单位，各段管道施工内容相同，工程量相等，它们所包括的施工项目（过程）和施工人员、施工天数见表7.1所示。

表 7.1 施工项目和施工人员、施工天数

施工项目	施工人数/人	施工天数/天	施工项目	施工人数/人	施工天数/天
挖沟槽	8	5	安装管道	10	5
砌基础	6	5	回填土	4	5

按以上三种施工方法分别组织施工，将各自的施工进度和施工人员消耗，绘制图 7.1。

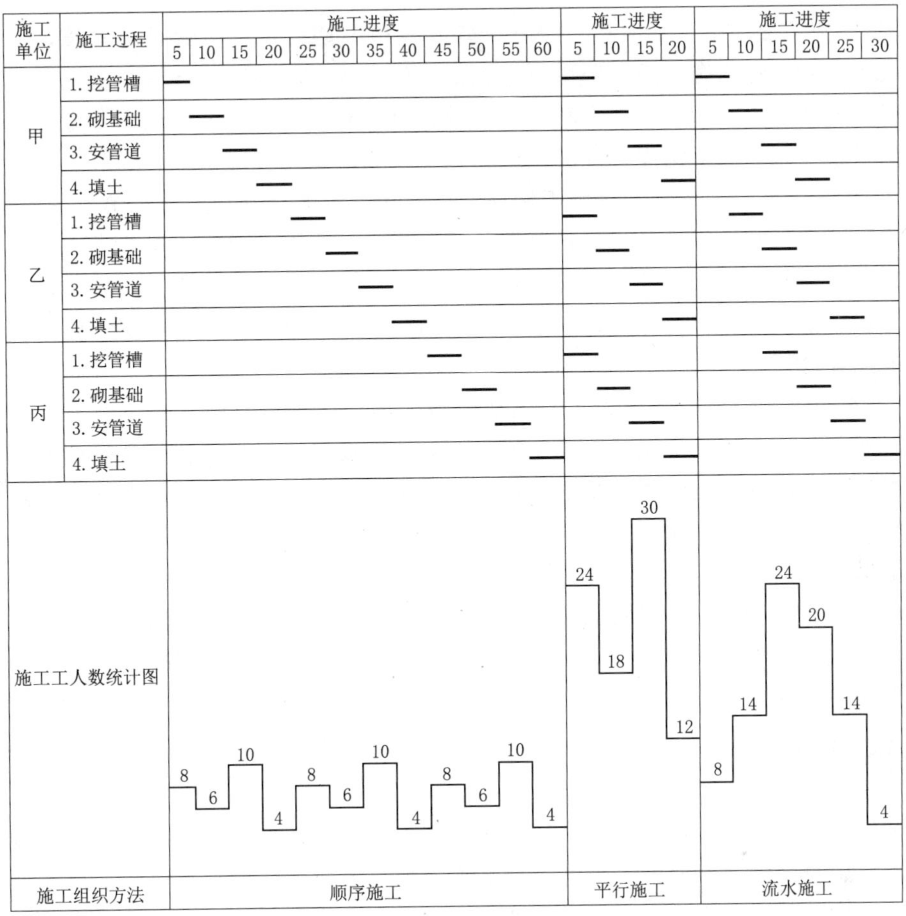

施工单位	施工过程	施工进度 5	10	15	20	25	30	35	40	45	50	55	60	施工进度 5	10	15	20	施工进度 5	10	15	20	25	30
甲	1.挖管槽																						
	2.砌基础																						
	3.安管道																						
	4.填土																						
乙	1.挖管槽																						
	2.砌基础																						
	3.安管道																						
	4.填土																						
丙	1.挖管槽																						
	2.砌基础																						
	3.安管道																						
	4.填土																						
施工工人数统计图		顺序施工：8、6、10、4、8、6、10、4、8、6、10、4												平行施工：24、18、30、12				流水施工：8、14、24、20、14、4					
施工组织方法		顺序施工												平行施工				流水施工					

图 7.1 三种施工方法的施工进度与施工人员消耗对比图

以上三种方法的比较可以看出（图 7.1）：在相同的工程量中，施工组织方法不同，结果完全不同。采用顺序施工法施工时，完成该项管道施工时，需要 60 个工作日，日劳动力需要量最小为 4 人，最高为 10 人，施工周期最长，日劳动量变化幅度不是很大，但每个工种工作间隙较大，对于施工单位劳动力的调配非常不利，尤其各专业分工非常不利，将造成严重"窝工"现象；采用平行施工法施工，施工期限虽最短，仅用 20 个工作日，同期需要劳动力非常集中，最高时可达 30 人，最小 12 人，最高与最低劳动力变化幅度相差较大，起伏变化不平衡，这对施工单位管理和工程成本都有不利的影响；流水施工法的工期介于顺序施工法与平行施工法之间，其需要 30 个工作日。从施工工人统计图中可以看出：在施工期间，施工人数基本呈"正态分布"，即保证了工程施工期内，各专业分工相对连续及均衡，使劳动力得到较有效的使用，克服了"窝工"和劳动力过分集中的缺点。因此，流水施工法在组织施工上，较顺序施工法能、平行施工法更有效地保证工人劳动生产率和机具利用率。

不论是哪种施工法，均应根据当地环境、工人及施工机具等具体实际情况，有针对性地布置。

（2）施工组织的特点。

1）顺序施工法。施工工期相对较长；各专业施工期较短，间隙时间较长，劳动力及施工机具等资源无法均衡使用；若由一个施工单位完成全部施工任务时，实现专业化施工能力较弱，不利于提高劳动生产率和工程质量；单位时间内投入的劳动力、施工机具、材料等资源量较少，有利于组织资源的供应；施工现场组织与管理相对简单。

2）平行施工法。充分地利用施工场地，工期短；不能充分利用施工单位的各个专业，各专业施工劳动力及施工机具、材料等资源相对集中；若由一个施工单位完成全部施工任务时，实现专业化施工相对较弱，较不利于提高劳动生产率和工程质量；单位时间内投入的劳动力、施工机具、材料等资源量成倍地增加，不利于资源供应的组织；施工现场的组织与管理比较复杂。

3）流水施工法。较能合理、充分地利用施工场地，争取时间，加速施工进度，有利于缩短工期；各施工单位实现了专业化施工，有利于提高技术水平和劳动生产率，也有利于提高工程质量；各专业能够连续施工，同时使相邻专业队的开工时间能够最大限度地搭接；单位时间内投入的劳动力、施工机具、材料等资源量较为均衡，有利于组织资源的供应；为施工现场文明施工和科学管理创造了有利条件。

流水施工法组织施工的实质上在相当长一段时间内，有步骤地以均衡的流水方式进行施工。施工时，工人数目保持不变，工人在每一规定的时间内，使用同样的生产工具，执行同类工作，完成数量不变的产品。

7.1.2 施工组织设计

1. 概念

施工组织设计是一项重要的技术、经济、管理性文件，指导施工技术、完成投标的重要组成部分，也是施工企业的实力、管理水平的综合体现，对给排水管道工程施工全过程的质量、进度、技术、安全、经济和管理起着非常重要的作用。

2. 具体任务

施工组织设计的具体任务：

（1）确定开工前必须完成的各项准备工作。

（2）规定合理的施工程序，编制正确的工程进度计划，确定施工过程中的关键项目，关键部位和主导工序，采取必要措施，保证在合理的工期内完成施工任务。

（3）采用技术上先进、经济上合理的施工方法和组织措施，选出最佳方案。

（4）选定最有效的施工机具和劳动组织。

（5）精确地计算人力、物力、财力，合理布置施工力量，确定劳动力、机械台班、各种材料等需求量和供应方案，保证均衡施工。

（6）制定保证工期质量及安全生产的有效措施。

（7）从时间上和空间上，对施工现场进行合理的规划布置。

3. 施工组织设计的分类

施工组织设计是一个总的概念，它根据工程规模、结构特点、技术繁简及施工条件等因素，在编制深度和广度上都有所不同。因此，存在着不同种类的施工组织设计，目前在实际工作中主要有以下几种：

（1）施工组织总设计。施工组织总设计是以一个建设项目或工程项目作为对象，用以指导其施工全过程各项活动技术、经济的综合性文件。它是整个建设项目施工的战略部署，在初步设计或扩大初步设计批准后由总承包单位的总工程师负责，会同建设、设计和其他分包单位的工程师共同编制。它也是指导施工单位施工进度与管理性的纲领文件，也编制年度施工计划的依据。

（2）单位工程施工组织设计。单位工程施工组织设计是以一个单位工程为编制对象，用以指导其施工全过程各项活动技术、经济的综合性文件。它是施工企业年度施工计划和施工组织总设计的具体化，使其内容更详细；也是在施工图完成后，由工程项目主管工程师负责编制，作为施工单位编制季度、月份和分部（项）工程作业设计的依据。

（3）分部（项）工程作业设计。分部（项）工程作业设计是以分部（项）工程为编制对象，用以指导其各项施工活动的技术、经济的文件。它结合施工企业的月、旬作业计划，把单位工程施工组织设计进一步具体化，是专业工程的具体施工设计。在编制单位工程施工组织设计时，由工程技术人员负责编制。

7.1.3 施工组织设计的内容

施工组织设计的主要内容应根据工程规模、施工期限、工程结构的复杂程度，施工条件等情况决定其内容深浅、细简程度，做到从实际出发，适用为主，不千篇一律，原则上应少而精，确实起到指导性的作用，各类施工组织设计主要内容如下。

1. 工程概况

工程概况是对工程的一个简单扼要、突出重点的文字介绍，主要阐述施工现场的地形、地貌、工程地质与水文地质条件；管道的长度、结构形式、管材、工程量、工期要求；拟投入的人力、物力等。为了弥补文字介绍的不足，可附加图、表来表示。

2. 选择施工方案

施工方案是施工组织设计的核心内容，必须根据管道工程的质量要求和工期要求，结合材料、机具和劳动力的供应情况，以及协作单位的配合条件和其他现场条件综合考虑确定。施工方案合理与否，将直接影响工程的施工效率、质量、工期和技术经济效果。因此，施工前应拟定几个切实可行的施工方案，并进行技术经济比较，从中选择最优方案作为本工程的施工方案。在拟定施工方案时应着重解决以下问题：

（1）合理确定施工顺序及施工流向。施工顺序是指单位工程中各分部、分项工程施工的先后次序及其相互制约的关系。安排施工顺序时主要解决时间搭接的问题，应注意以下几点：

1）组织管道工程施工，必须先做好施工准备工作，经上级主管部门批准后方可开工建设。

2）遵守"先场外后场内""先地下后地上""先主体后附属""先土建后设备""合理安排穿插工序"的原则，尽量把混凝土工程安排在进入冬季前完成施工。

施工起点和流向是指单位工程在时间上和空间上开始施工的部位及其流动方向。一般应考虑以下几个因素：业主对工程使用上的先后要求；工程施工的工艺过程；适应施工项目的划分；单位工程中各分部、分项工程的复杂程度等。

在给排水管道工程施工中，为了保证其分期使用，给排水管道工程一般以检查井为界划分施工段，按照"先下游后上游"的顺序组织施工。所有管道工程均应按照"先干管后支管，先深后浅"的原则安排施工顺序和施工流向。

（2）分部、分项工程施工方法的选择。常规的施工做法和施工人员十分熟练的施工方法，一般不需详细拟定，只需提出应注意的一些特殊问题即可；对于影响整个工程施工的主导工程应认真选择施工方法，必要时应单独编制分部、分项工程作业设计。主导工程主要是指下述分部、分项工程：①在单位工程中所占工程量大，且地位重要的分部、分项工程；②施工技术复杂或采用新技术、新工艺以及对工程质量起关键作用的分部、分项工程；③不熟悉的特殊结构工程或由专业施工单位施工的特殊专业工程等。

施工方法主要针对主导工程而言，编制的内容应详细而具体。确定施工方法的中心环节是选择先进的施工技术和与之相适应的施工机具，达到在保证工程质量的前提下，提高劳动生产率和降低施工成本的目的。施工方法与施工机具二者相辅相成，在现代化的施工条件下，往往根据施工机具来确定施工方法，因此合理地选择施工机具便成为主要问题。选择施工机具应注意以下点：

1）根据工程特点及施工场地情况，首先确定最适宜的主导施工机具及其类型。施工作业点分散、工程量大的给排水管道工程应采用轮胎式或履带式移动机具；施工作业点集中、工程量大的构筑物和建筑物应采用固定式机具。

2）在保证主导施工机具生产效率的前提下，确定各种辅助机具及运输工具的类型，并使之与主导施工机具在生产能力上相互协调一致。

3）在同一个施工工地上，力求减少施工机具的种类和型号。当工程量不大且较分散时，尽量选用能适应不同作业的多用途施工机具。

在拟定施工方案时，除了确定施工顺序和方法外，还要提出质量要求以及相应的技术措施，提出必要的安全措施和降低成本措施。同时，要预见实施中可能发生的问题，并提出预防的措施。

3. 编制施工进度计划

施工进度计划是控制工程施工进度和工程开、竣工期限等各项施工活动的依据，施工组织工作中其他有关问题也都要服从进度计划的要求。

施工进度计划反映了工程从施工准备工作开始，直到工程竣工为止的全部施工过程；反映了各工序之间的衔接关系。施工进度计划有助于领导部门抓住关键，统筹全局，合理布置人力和物力，正确指导施工的顺利进行；有利于施工企业内部及时配合，协同施工。

施工进度计划编制的步骤包括划分施工项目、计算工程量、计算劳动量和机械台班量、确定施工项目的作业时间、确定各工序的搭接关系、编制施工进度计划并绘制成图、表等。主要内容如下：①确定施工顺序；②划分施工项目及流水施工段；③计算工程量；④计算劳动量和机械台班量；⑤确定各施工项目（或工序）的作业时间；⑥安排各施工项目（或工序）间的衔接关系，编制进度图表；⑦检查与调整施工进度计划。

给排水管道工程施工进度计划常用横道图或网络图表示。其中横道图适合于绘制项目总进度计划或采用流水作业法施工的分部分项工程进度计划；网络图适合于所有情况下进度计划的编制，它能够使编制者十分方便地确定关键工序和关键线路，判断工序有无灵活机动的时间，可以随时把握工程进度。

4. 编制准备工作计划

准备工作包括该管道工程施工所做的技术准备、现场准备，机械、设备、工具、材料、加工件的准备等，应编制施工准备工作计划表。

5. 编制各项资源需用量计划

各项资源需用量计划一般包括以下各项：①各工种劳动力需用量计划；②材料需用量计划；③施工机具需用量计划。

除此以外，还应编制半成品需用量计划及运输计划等。

6. 绘制施工平面图

施工平面图是按照一定的原则、一定的比例和规定的符号绘制而成的平面图形，用来表示管道工程施工中所需的施工机械、加工场地、材料仓库和料场，以及临时运输道路、临时供排水、供电、供热管线和其他临时设施的位置、大小与布置方案。

7. 确定技术经济指标

技术经济指标是在施工管理中对已确定的施工方案进行一项全面综合性经济评价，也是对施工管理水平的一项评价。管道工程施工的技术经济指标主要包括：施工工期、劳动生产率、劳动力不均衡系数、工程质量、安全生产指标、设备机具的利用率、材料的节约率、施工成本的降低率等。

7.1.4　施工组织设计的编制程序与步骤

各类施工组织设计的编制方法大致相同，只是繁简程度有所差异，其主要的编制程序和步骤如下。

1. 施工组织总设计

在编制施工组织总设计时，并不要求精确的工程量计算，通常只要根据概算指标或类似工程计算即可，同时也不要求做全面的计算，只要抓住几个主要的项目加以计算也就基本上可以满足需要：①计算工程量；②制订施工总方案，对重大问题做出原则规定；③确定施工顺序，并根据有关资料编制施工进度计划；④计算劳动力及各类资源的需要和确定供应计划，可根据工程和有关的指标或定额计算，并且只包括最主要的；⑤设计工程现场的各项业务，包括水电道路、仓库、附属生产企业和临时建筑等；⑥设计施工总平面图；⑦主要技术组织措施与经济指标。

上述各个步骤及其所完成的各项工作，彼此都有密切的关系，虽然大致上有一个工作顺序，但实际上各个步骤又是交叉的或互为条件的。

2. 单位工程施工组织设计

(1) 工程量计算。通常可以利用工程预算中的工程量。但工程预算中的工程量因计算阶段不同，有时候与实际情况多少有些不同，为了保证劳动力和资源需要量计算正确，合理地组织流水作业，工程量的计算必须要准确。同时，如工程要分层、分段组织流水作业，工程量也应与施工方案相对应地计算。另外，许多工程量在确定了施工方法以后可能还需修改，如土方工程的施工，由利用挡土板改为放坡，土方工程量应增加，而支撑的工料就将全部取消，这种修改可在施工方法确定后一次进行。

(2) 确定施工方案。如果施工组织总设计已有规定，任务进一步具体化，否则应全面给予考虑，需要特别研究的是主要分部分项工程的施工方法和施工机械的选择。因为它对整个单位工程的施工具有决定性作用，具体施工顺序安排和流水段的划分，也是需要考虑的重点。与此同时，还要很好的研究和决定保证质量、注意安全和缩短技术性中断的各种技术组织措施，这些都是单位工程施工中的关键，对施工能否做到好、快、省、安全有重大的影响。

（3）组织流水作业。确定施工进度，根据流水作业的基本原理，按照工期的要求、工作面的情况以及其他因素，组织流水作业，计算作业时间，编制网络计划，按工作日排出施工进度。

（4）计算各种资源的需要量和确定供应计划。根据定额、工程量及进度可以决定劳动量和每日的工人需求量，根据采用的机械效率和工程量及进度计划，就可以确定材料和加工预制品的主要种类、数量及其供应计划。

（5）平衡劳动力、材料物资和施工机械的需要量，并修改进度计划。根据对劳动力和材料物资的计算就可以绘制出相应的曲线，以检查其平衡状况，如果发现有过大的高峰或低谷，即应将进度计划作适当的调整和修改，使其尽可能趋于平衡，以便使劳动力的利用和物资的供应更为合理。

（6）设计施工平面图。施工平面图表明单位工程所需的施工机械、加工场地、材料成品等堆放地点，以及临时运输道路、临时供水、供电、热能和其他临时设施等的合理布置。

（7）主要技术组织措施。根据工程特点和施工条件，制定质量、安全、成本、工期、节约等技术组织措施。

（8）主要技术经济指标。根据技术组织措施编制各项技术经济指标。

7.1.5　施工组织设计的贯彻与调整

1. 施工组织设计的贯彻

施工组织设计的编制，只是为实施拟建工程项目的生产过程提供一个可行方案。这个方案经济效果如何，必须通过实践去验证。施工组织设计贯彻的实质，就是把一个静态平衡方案放到不断变化的施工过程中，考核其效果和检查其优劣的过程，以达到预定的目标。所以施工组织设计贯彻的情况如何，其意义是深远的，为了保证施工组织设计顺利实施，应做好以下几方面工作：

（1）做好施工组织设计交底。经过审批的施工组织设计，在开工前要召开各级的生产、技术会议，逐级进行交底，详细地讲解其内容、要求和施工关键与保证措施，组织群众广泛讨论，拟定完成任务的技术组织措施，做出相应的决策。同时责成计划部门，制定出切实可行的和严密的施工计划，责成技术部门，拟定科学合理的具体技术实施细则，保证施工组织设计的贯彻执行。

（2）制定有关贯彻施工组织设计的规章制度。施工组织设计贯彻的顺利与否，主要取决于施工企业的管理素质和技术素质及经营管理水平。而体现企业素质和水平的标志，在于企业各项管理制度的健全与否。实践经验证明，只有施工企业有了科学的、健全的管理制度，企业的正常生产秩序才能维持，才能保证工程质量，提高劳动生产率，防止可能出现的漏洞和事故。为此必须建立、健全各项管理制度，保证施工组织设计的顺利实施。

（3）推行技术经济承包制。技术经济承包是用经济的手段和方法，明确承发包双方的责任。便于加强监督和相互促进，是保证承包目标实现的重要手段。为了更好地贯彻施工组织设计，应该推行技术经济承包制度开展劳动竞赛，把施工过程中的技术经济责任同职工的物质利益结合起来。如开展全优工程竞赛，推行全优工程综合奖、材料节约奖和技术进步奖等，对于全面贯彻施工组织设计是十分必要的。

（4）统筹安排及综合平衡。在拟建工程项目的施工过程中，搞好人力、物力、财力的统筹安排，保持合理的施工规模，即能满足拟建工程项目施工的需要，又能带来经济效益。施工过程中的任何平衡都是暂时的和相对的，平衡中必然存在不平衡因素，要及时分析和研究这些不平衡因素，不断地进行施工条件的反复综合和各专业工种的综合平衡。进一步完善施工组织设计，保证施工的节奏性、均衡性和连续性。

（5）做好施工准备工作。施工准备工作是保证均衡和连续施工的重要前提，也是顺利地贯彻施工组织设计的重要保证。拟建工程项目不仅在开工之前要做好一切人力、物力和财力的准备，而且在施工过程中的不同阶段也要做好相应的施工准备工作。这对于施工组织设计的贯彻执行是非常重要的。

2. 施工组织设计的检查

（1）主要指标完成情况的检查。施工组织设计主要指标的检查，一般采用比较法。就是把各项指标的完成情况同计划规定的指标相对比，检查的内容应该包括工程进度、工程质量、材料消耗、机械使用和成本费用等，把主要指标数额检查与相应的施工内容、施工方法和施工进度的检查结合起来，发现其中的问题，为进一步分析原因提供依据。

（2）施工平面图合理性的检查。施工平面图必须按规定建造临时设施，敷设管网和运输道路，合理地存放机具，堆放材料；施工现场要符合文明施工的要求；施工现场的局部断电、断水、断路等，必须事先得到有关部门批准；每个施工阶段都要有相应的施工平面图；施工平面图的任何改变都必须由有关部门批准。如果发现施工平面图存在不合理性，要及时制定改进方案，报请有关部门批准，不断地满足施工进度的需要。

3. 施工组织设计的调整

根据对施工组织设计执行情况的检查，发现的问题及其产生的原因，拟定其改进措施或方案；对施工组织设计的有关部分或指标逐项进行调整；对施工平面图进行修改。使施工组织设计在新的基础上实现新的平衡。

实际生产中，施工组织设计的贯彻、检查和调整是一项经常性的工作，必须随着施工的进展情况，加强反馈和及时地进行调整，要贯穿拟建工程项目施工过程的始终。

7.2 给排水工程施工管理

7.2.1 施工过程中资料整理

给排水管道工程的资料是反映整个施工过程真实历史记录，衡量施工质量的重要依据，工程验收与工程管理运行的重要技术文献。施工资料收集管理是一项复杂的系统性工作，需要施工单位各部门之间紧密的配合。随着各种档案管理的规范化、专业化、统一化，如何做好给排水管道工程施工资料的收集整编、施工文件、施工图的管理，与给排水管道工程的施工工作同样重要。

1. 资料收集范围

凡是反映与项目有关的重要职能活动，具有查考利用价值的各种载体文件，都应收集，归入工程项目档案内。但对于不同的单位，其资料收集整理的侧重面不同，具体如下：

（1）建设管理单位负责收集、积累项目准备阶段形成的前期文件，以及设备、工艺、涉外和竣工验收文件。

（2）勘察、设计单位负责收集勘探、测量及工程设计相关的基础资料。

（3）施工单位负责收集施工过程中施工单位所有相关的文件材料。

（4）监理单位负责收集施工过程中监理工作所需文件材料。

（5）运行单位负责收集、积累项目调试及试运行阶段形成的文件。

2. 收集时间

各类文件应按其形成的先后顺序或项目完成情况及时收集；凡是引进技术、设备文件必须先由建设管理单位（或接收委托的承包单位）登记、归档，再行译校、复制和分发使用。

3. 资料收集的阶段

在一个给排水管道工程施工项目中，资料的内容较为复杂，涵盖面较广，必须从资料的形成的程序开始，了解资料收集的过程。

资料的初始收集起于一个工程的招投标，终至于竣工交验的完成。按照工程进展情况，分为以下五个阶段：

第一阶段：在管道工程施工项目完成投标后，自发包人（业主）发出中标通知书时，首先收集的首席资料就是招、投标文件、中标通知书，包括招标的设计文件及图纸、承包施工合同、下发相关的文件。

第二阶段：人员、机械设备进场有关资料的收集。接到业主邀请进场通知后，人员、机械及设备进场时，施工单位向相应的监理单位呈报进场报告性文件，递交合同项目开工令，报送开工申请报告及项目部组织机构等文件。

第三阶段：施工前准备有关资料的收集。施工前进行测量水准点布控，请专业测量单位对水准点进行核准复测，复测后取得测量的成果。组织进场人员联系监理进行原地面测量，收集测量原始记录。根据原地面测量结果，绘制断面图，计算工程量，收集工程量报审资料。

第四阶段：施工过程（一个单位工程为例）资料收集，包括安全资料的收集，施工合同管理资料；工程结算资料；设备率定资料；施工方案及专项技术措施的报批资料；施工进度计划；施工质量原始记录及质量评定等资料。

在施工过程中实行"三检"制，施工班组为初检，施工作业队为复检，质量检查部门为终检，形成"三检"资料，现报请监理工程师复核，最终形成质量评定资料。施工日志记录每天的施工情况，以一个单位工程为准，每月为一册，进行收集。

施工文明资料的收集，施工文明资料主要包括施工现场材料的堆放、场地的整洁及对周围环境的保护等资料；原材料的合格证及检验报告资料的收集；机械设备、原材料及中间产品进场报批资料的收集；试验检验资料的收集；分项、分部、单位工程质量验收记录及其验收资料。

第五阶段：施工验收及工程移交相关资料的收集。

单位工程外观质量评定资料的收集。单位工程验收资料的收集。单位工程验收（含阶段验收、预验收、竣工验收）资料主要包括单位工程验收申请报告、单位工程验收（含阶段验收、预验收、竣工验收）鉴定书及施工管理报告。施工合同验收资料的收集。业主及监理下发外来文件的收集。设计文件（包括施工图纸）的收集。向业主上报的其他文件的收集。工程变更有关的文件报批资料的收集。施工图片资料的收集。其他资料的收集。

7.2.2 施工验收

1. 给排水管道工程施工验收

（1）给排水管道工程施工质量验收。给排水管道工程施工质量验收应在施工单位自检基础上，按验收批、分项工程、分部（子分部）工程、单位（子单位）工程的顺序进行，并应符合下列规定：

1）工程施工质量应符合规范和相关专业验收规范的要求。

2）工程施工质量应符合工程勘察、设计文件的要求。

3）参加工程施工质量验收的各方人员应具备相应资格。

4）工程施工质量的验收应在施工单位自行检查，评定合格的基础上进行。

5）隐蔽工程在隐蔽前应由施工单位通知监理等单位进行验收，并形成验收文件。

6）涉及结构安全和使用功能的试块、试件和现场检测项目，应按规定进行平行检测或见证取样检测。

7）验收批的质量应按主控项目和一般项目进行验收；每个检查项目的检查数量，除规范有关条款有明确规定外，应全数检查。

8）对涉及结构安全和使用功能的分部工程应进行试验或检测。

9）承担检测的单位应具有相应资质。

10）外观质量应由质量验收人员通过现场检查共同确认。

（2）单位（子单位）工程、分部（子分部）工程、分项工程验收批的划分。在工程施工前确定单位（子单位）工程、分部（子分部）工程、分项工程和验收批，按规范填写质量验收记录，单位（子单位）工程、分部（子分部）工程、分项工程及其验收批的划分如下：

1）单位工程（子单位工程）。单位工程（子单位工程）包括开（挖）槽施工的管道工程、大型顶管工程、盾构管道工程、浅埋暗挖管道工程、大型沉管工程、大型桥管工程。

2）分部工程（子分部工程）、分项工程及其验收批。

a. 土方工程。

（a）分项工程。分项工程包括沟槽土方（沟槽开挖、沟槽支撑、沟槽回填）、基坑土方（基坑开挖、基坑支护、基坑回填）等。

（b）验收批。与管道主体工程验收批对应。

b. 给排水管道主体工程。

（a）预制管开槽施工主体结构。预制管开槽施工主体结构包括金属类管、混凝土类管、钢筒混凝土管、化学建材管等。

分项工程：分项工程包括管道基础、管道接口连接、管道铺设、管道防腐层（管道内防腐层、钢管外防腐层）、钢管阴极保护等。

验收批：可选择下列方式划分：按流水施工长度；按井段或自然划分段（路段）；其他便于过程质量控制方法。

（b）管渠（廊）。管渠（廊）包括现浇钢筋混凝土管渠、装配式混凝土渠、砌筑管渠。

分项工程：管道基础、现浇钢筋混凝土管渠（钢筋、模板、混凝土、变形缝）、装配式混凝土管渠（预制构件安装、变形缝）、砌筑管渠（砖石砌筑、变形缝）、管道内防腐层、管廊内管道安装等。

验收批：每节管渠（廊）或每个流水施工段管渠（廊）。

（c）不开槽施工主体结构。不开槽施工主体结构包括工作井、顶管、盾构、浅埋暗挖、定向钻、夯管等。

分项工程：工作井包括工作井围护结构、工作井；顶管包括管道接口连接、顶管管道（钢筋混凝土管、钢管）、管道防腐层（管道内防腐层、钢管外防腐层）、钢管阴极保护、垂直顶升；盾构包括管片制作、掘进及管片拼装、二次内衬（钢筋、混凝土）、管道防腐层、垂直顶升；浅埋暗挖包括土层开挖、初期衬砌、防水层、二次内衬、管道防腐层、垂直顶升；定向钻包括管道接口连接、定向钻管道、钢管防腐层（内防腐层、外防腐层）、钢管阴极保护；夯管包括管道接口连接、夯管管道、钢管防腐层（内防腐层、外防腐层）、钢管阴极保护。

验收批：工作井以每座井为验收批次；顶管以顶进每 100m 或垂直顶升每个顶升管计；盾构以掘进以每 100 环、二次内衬以每施工作业断面、垂直顶升以个顶升管计；浅埋暗挖以暗挖每施工作业断面、垂直顶升每个顶升管计；定向钻、夯管均以每 100m 计。

（d）沉管。沉管包括组对拼装沉管、预制钢筋混凝土沉管。

分项工程：组对拼装沉管包括基槽浚挖及管基处理、管道接口连接、管道防腐层、管道沉放、稳管及回填；预制钢筋混凝土沉管包括基槽浚挖及管基处理、预制钢筋混凝土管节制作（钢筋、模板、混凝土）、管节接口预制加工、管道沉放、稳管及回填。

验收批：组对拼装沉管以每 100m（分段拼装按每段，且不大于 100m）计；预制钢筋混凝土沉管以每节预制钢筋混凝土管计。

（e）桥管。

分项工程：分项工程包括管道接口连接、管道防腐层（内防腐层、外防腐层）、桥管管道。

验收批：每跨或每 100m；分段拼装按每跨或每段，且不大于 100m。

（f）附属构筑物工程。

分项工程：分项工程包括井室（现浇混凝土结构、砖砌结构、顶制拼装结构）、雨水口及支连管、支墩等。

验收批：同一结构类型的附属构筑物不大于 10 个。

（3）验收批质量验收合格应符合下列规定：

1）主控项目的质量经抽样检验合格。

2）一般项目中的实测（允许偏差）项目抽样检验合格率应达到 80%，且超差点最大偏差值应在允许偏差值的 1.5 倍范围内。

3）主要工程材料的进场验收和复验合格，试块、试件检验合格。

4）主要工程材料的质量保证资料以及相关试验检测资料齐全、正确；具有完整的施工操作依据和质量检查记录。

（4）分项工程质量验收合格应符合下列规定：

1）分项工程所含的验收批质量验收全部合格。

2）分项工程所含的验收批的质量验收记录应完整、正确；有关质量保证资料和试验检测资料应齐全、正确。

（5）分部（子分部）工程质量验收合格应符合下列规定：

1）分部（子分部）工程所含分项工程的质量验收全部合格。

2）质量控制资料应完整。

3）分部（子分部）工程中，地基基础处理、桩基础检测、混凝土强度、混凝土抗渗、管道接口连接、管道位置及高程、金属管道防腐层、水压试验、严密性试验、管道设备安装调试、阴极保护安装测试、回填压实等的检验和抽样检测结果应符合规范的有关规定。

4）外观质量验收应符合要求。

（6）单位（子单位）工程质量验收合格应符合下列规定：

1）单位（子单位）工程所含分部（子分部）工程的质量验收全部合格。

2）质量控制资料应完整。

3）单位（子单位）工程所含分部（子分部）工程有关安全及使用功能的检测资料应完整。

4）涉及金属管道的外防腐层、钢管阴极保护系统、管道设备运行、管道位置及高程等的试验检测、抽查结果以及管道使用功能试验应符合规范规定。

5）外观质量验收应符合要求。

（7）给排水管道工程质量验收不合格时，应按下列规定处理：

1）经返工重做或更换管节、管件、管道设备等的验收批，应重新进行验收。

2）经有相应资质的检测单位检测鉴定能够达到设计要求的验收批，应予以验收。

3）有相应资质的检测单位检测鉴定达不到设计要求，但经原设计单位验算认可，能够满足结构安全和使用功能要求的验收批，可予以验收。

4）经返修或加固处理的分项工程、分部（子分部）工程，改变外形尺寸但仍能满足结构安全和使用功能要求，可按技术处理方案文件和协商文件进行验收。

（8）通过返修或加固处理仍不能满足结构安全或使用功能要求的分部（子分部）工程、单位（子单位）工程，严禁验收。

（9）验收批及分项工程应由专业监理工程师组织施工项目的技术负责人（专业质量检查员）等进行验收。

（10）分部（子分部）工程应由专业监理工程师组织施工项目质量负责人等进行验收。

对于涉及重要部位的地基基础、主体结构、非开挖管道、桥管、沉管等分部（子分部）。

（11）单位工程经施工单位自行检验合格后，应由施工单位向建设单位提出验收申请。单位工程有分包单位施工时，分包单位对所承包的工程应按规范的规定进行验收。验收时总承包单位应派人参加；分包工程完成后，应及时地将有关资料移交总承包单位。

（12）对符合竣工验收条件的单位工程，应由建设单位按规定组织验收。施工、勘察、设计、监理等单位等有关负责人以及该工程的管理或使用单位有关人员应参加验收。

（13）参加验收各方对工程质量验收意见不一致时，可由工程所在地建设行政主管部门或工程质量监督机构协调解决。

（14）单位工程质量验收合格后，建设单位应按规定将竣工验收报告和有关文件，上报工程所在地建设行政主管部门备案。

（15）工程竣工验收后，建设单位应将有关文件和技术资料归档。

2. 单位（子单位）工程质量控制资料核查

（1）材质质量保证资料。材质质量保证资料包括：管节、管件、管道设备及管配件等，防腐层材料，阴极保护设备及材料，钢材、焊材、水泥、砂石、橡胶止水圈、混凝土、砖、混凝土外加剂、钢制构件、混凝土预制构件等内容。

（2）施工检测。施工检测包括：管道接口连接质量检测（钢管焊接无损探伤检验、法兰或螺栓拧紧力矩检测、熔焊检验），内外防腐层（包括补口、补伤）防腐检测，混凝土强度、混凝土抗渗、混凝土抗冻、砂浆强度、钢筋焊接，回填土压实度，柔性管道环向变形检测，不开槽施工土层加固、支护及施工变形等测量，管道设备安装测试，阴极保护安装测试，桩基完整性检测、地基处理检测等内容。

（3）结构安全和使用功能性检测。结构安全和使用功能性检测包括管道位置及高程，浅埋暗挖管道、盾构管片拼装变形测量，混凝土结构管道渗漏水调查，管道及抽升泵站设备（或系统）调试、电气设备电试，阴极保护系统测试，桩基动测、静载试验等内容。

（4）施工测量。施工测量包括控制桩（副桩）、永久（临时）水准点测量复核，施工放样复核，竣工测量等。

（5）施工技术管理。施工技术管理包括施工组织设计（施工方案）、专题施工方案及批复，焊接工艺评定及作业指导书，图纸会审、施工技术交底，设计变更、技术联系单，质量事故（问题）处理，材料、设备进场验收，计量仪器校核报告，工程会议纪要，施工日记等。

（6）验收记录。验收记录包括验收批、分项、分部（子分部）、单位（子单位）工程质量验收记录，隐蔽验收记录等。

（7）施工记录。施工记录包括接口组对拼装、焊接、拴接、熔接，地基基础、地层等加固处理，桩基成桩，支护结构施工，沉井下沉，混凝土浇筑，管道设备安装，顶进（掘进、钻进、夯进），沉管沉放及桥管吊装，焊条烘陪、焊接热处理，防腐层补口补伤等。

（8）竣工图。

第8章

给排水管道施工图读识

给排水管道工程施工图的识读是保证工程施工质量的前提，一般排水管道施工图包括图纸目录、图纸首页、平面图、横断面图、纵剖面图、节点图、大样图等内容。

8.1 平 面 图

管道平面图主要体现的是管道在平面上的相对位置以及管道敷设地带一定范围内的地形、地物和地貌情况，如图8.1所示。识读时应主要搞清以下一些问题：

数字 → 例如 $i=0.003$（3‰）→

数字表示坡度
箭头为坡向方向

图8.1 管道坡度的表示方法

（1）图纸比例、说明和图例。

（2）管道施工地带道路的宽度、长度、中心线坐标、折点坐标及路面上的障碍物情况。

（3）管道的管径、长度、坡度、桩号、转弯处坐标、管道中心线的方位角、管道与道路中心线或永久性地物间的相对距离以及管道穿越障碍物的坐标等。

（4）与本管道相交、相近或平行的其他管道的位置及相互关系。

（5）附属构筑物的平面位置。

（6）主要材料明细表。

8.2 横 断 面 图

横断面图是经过线路中线上的某一点，并垂直于线路中线方向的表示地面起伏的

DN20

图8.2 单管管径表示法

图（图8.2）。横断面图可以根据横断面测量成果绘制，也可按已有地形图或其他地形数据绘制。比例尺一般采用1∶100或1∶200。以水平距离为横坐标，高程为纵坐标，绘在毫米方格纸上，其纵横比例尺必须一致。土石方工程量的计算和施工放样，均以此作为依据。

8.3 纵 剖 面 图

纵剖面图主要体现管道的埋设情况，如图8.3、图8.4所示。识读时应主要搞清以下一些内容：

（1）图纸横向比例、纵向比例、说明和图例。

（2）管道沿线的原地面标高和设计地面标高。

（3）管道的管内底标高和埋设深度。

（4）管道的敷设坡度、水平距离和桩号。

（5）管径、管材和基础。

（6）附属构筑物的位置、其他管线的位置及交叉处的管内底标高。

（7）施工地段名称。

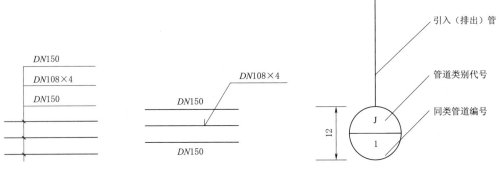

图 8.3　多管管径表示法　　　　　图 8.4　给水引入（排水排出）管编号
表示方法

8.4　节　点　图

节点图是对以上几种图样无法表示清楚的节点部位的放大图（图 8.5）。能清楚地反映某一局部管道和组合件的详细结构和尺寸。

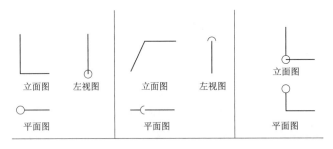

图 8.5　管道转向的表示方法

8.5　大　样　图

大样图主要是指检查井、雨水口、倒虹管等的施工详图，一般由平面图和剖面图组成，图 8.6、图 8.7 所示为某阀门井与检查井的剖面图。识读时应主要搞清以下一些内容：

各部尺寸表/mm

闸阀直径 DN	井径 D	井室深 H	盖板厚度 h_2	管底距井底深 H_K	管顶覆土深度 $H_m \sim H_L$
50	1200	1200	150	300	1200~3000
65	1200	1200	150		1200~3000
80	1200	1200	150		1200~3000
100	1200	1500	150		1450~3000
125	1200	1500	150		1450~3000
150	1200	1500	150		1400~3000
200	1200	1800	150		1650~3000
250	1400	1800	150		1600~3000
300	1400	2000	150		1750~3000
350	2000	2000	200	400	1650~3000
400	2000	2500	200		2100~3000
450	2000	2500	200		2050~3000
500	2000	2700	200		2250~3000
600	2000	3000	200		2400~3000

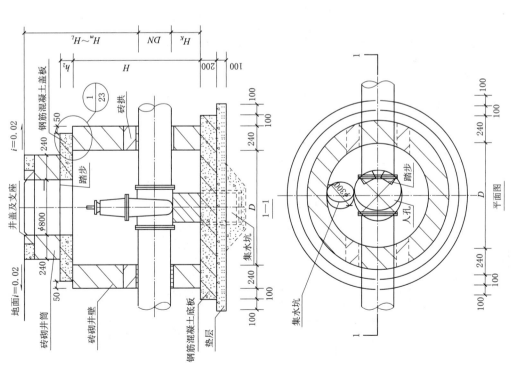

图 8.6 阀门井

141

井室尺寸及工程量表

井室尺寸			管径	混凝土/m³			钢筋		盖板编号
φ	B	h₂	D	底板	垫层	流槽	d₀	重量/kg	
900	180	180	200	0.30	0.22	0.12	Φ10	9.65	1
			300	0.30	0.22	0.15			
			400	0.30	0.22	0.17			
			500	0.30	0.22	0.18			
1100	240	200	400	0.50	0.31	0.29	Φ10	14.50	2
			500	0.50	0.31	0.32			
			600	0.50	0.31	0.33			
1300	240	220	600	0.68	0.38	0.51	Φ12	26.00	3
			700	0.68	0.38	0.53			
1500	240	250	700	0.94	0.45	0.77	Φ12	31.65	4
			800	0.94	0.45	0.79			

注：未包括井室墙体工程量。

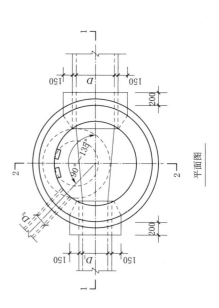

说明：
1. 井室高度H自井底至盖板底净高一般为D+1800，埋深不足时酌情减少。
2. 接入支管超挖部分采用级配砂石或C15混凝土填实。
3. 顶平接入支管详见第8页圆形排水检查井尺寸表。
4. 井碹组砌图详见本图集第18~20页。
5. 本图中未注明的尺寸详见本图集第20页。

图8.7 检查井

（1）图纸比例、说明和图例。

（2）井的平面尺寸、竖向尺寸、井壁厚度。

（3）井的组砌材料、强度等级、基础做法、井盖材料及大小。

（4）管道穿越井壁的位置及穿越处的构造。

（5）流槽的形状、尺寸及组砌材料。

（6）基础的尺寸和材料等。

8.6 图　　例

建筑给排水图纸上的管道、卫生器具设备等均按照《给水排水制图标准》（GB/T 50106—2010）使用统一的图例来表示。在《给水排水制图标准》中列出了管道、管道附件、管道连接、管件、阀门、给水配件、消防设施、卫生设备及水池、小型给水排水构筑物、给水排水设备、仪表等共 11 类图例。

表 8.1 　　　　　　　　　　给排水管道工程常用图例

序号	名　称	图　例	备　注
1	生活给水管	——J——	
2	热水给水管	——RJ——	
3	热水回水管	——RH——	
4	中水给水管	——ZJ——	
5	循环给水管	——XJ——	
6	循环回水管	——Xh——	
7	热媒给水管	——RM——	
8	热媒回水管	——RMH——	
9	蒸汽管	——Z——	
10	凝结水管	——N——	
11	废水管	——F——	可与中水源水管合用
12	压力废水管	——YF——	
13	通气管	——T——	
14	污水管	——W——	
15	压力污水管	——YW——	
16	雨水管	——Y——	
17	压力雨水管	——YY——	
18	虹吸雨水管	——HY——	
19	膨胀管	——PZ——	
20	保温管	∿∿∿	
21	多孔管	⟶⟶⟶	

续表

序号	名　称	图　例	备　注
22	地沟管		
23	防护套管		
24	管道立管	XL-1　　XL-1 平面　　系统	X：管道类别 L：立管 1：编号
25	伴热管		
26	空调凝结水管	——KN——	
27	排水明沟	坡向　→	
28	暗沟排水	坡向　→	

管道工程图的表示方法管道工程图是设计人员用来表达设计意图的重要工具。为保证管道工程图的统一性、便于识图性，管道工程图中管线表示方法必须按国家标准进行绘制。

1. 管道线型

管道工程图上的管道和管件必须采用统一的线型来表示。如管道线型规定中有粗实线、中实线、细实线、粗虚线、中虚线、细虚线、细点划线、折断线、波浪线等。

2. 管道代号

管道图中，若有多种管道，应在管线的中间注上规定的字母符号以区别各种不同的管路。常见的管道代号有：生活给水管（——J——），热水给水管（——RJ——）热水回水管（——RH——）等，见表 8.1。

若管道图中仅有一种管道或统一图中大多数相同管路，其管道代号可略去，但在图纸中加以说明。

3. 管道图例

管道图中的管子，管件和阀门采用规定的图例加以表示，其并不完全反映事物的形象，只是示意性地表示具体的设备或管件。因此，要熟悉常用管件和阀门的图例，以便于流畅的识读图纸。

4. 管道标高与坡度

为了表明管道在空间的位置，往往对其相对标高进行标注。标高以 m 为单位。压力管道、圆形风管应有管中心标高。重力管道、沟道宜分别标注管内底、沟内底标高。管道坡度宜采用单线箭头表示，如图 8.1 所示。

5. 管径标注与系统编号

（1）管道工程图中标注管径的符号有 De、DN、d、Φ。

De：主要是指管道外径，一般采用 De 标注的，均需要标注成"外径×壁厚"的形式。常用于表示无缝钢管、焊接钢管（直缝或螺旋缝）、铜管、不锈钢管、PPR、PE 管、高密度聚乙烯管（HPPE）、聚丙烯管管径及壁厚。

DN：是公称直径，一般来说，《给水排水制图标准》上都有规定，水煤气输送钢管（镀锌或非镀锌），铸铁管等管材，管径宜以公称直径 DN 表示。聚乙烯（PVC）管、钢塑复合管管径也常用公称直径表示。

以镀锌焊接钢管为例，用 DN、De 两种标注方法如下：DN20 De25×2.5mm；DN25 De32×3mm；DN32 De40×4mm。

d：混凝土管公称直径钢筋混凝土管以内径 d 表示（如 d230，d380）等。

Φ：无缝钢管公称直径。在通风空调工程中圆形风管也用其表示外径。如 Φ100；108×4、Φ320 等。

（2）管道工程中管道标示及系统编号管径尺寸应标注在管道变管径处；水平管道的管径尺寸应标注在管道上方；斜管道（指轴测图中前后方向的管道）的管径尺寸应标注在管道的斜上方；竖管的管径尺寸应标注在管道的左侧，如图 8.2、图 8.3 所示。

为使管道图表示的管道系统更为清楚，当建筑物的给水排水进出水口数量多于一个时，采用阿拉伯数字进行编号，如图 8.4 所示。

6. 管道转向、连接、交叉、重叠的表示方法

管道转向的表示方法如图 8.5 所示，管道三通、四通表示方法如图 8.8 所示，管道交叉的表示方法如图 8.9 所示，管道重叠的表示方法如图 8.10 所示，平面图中管道标高的标注法如图 8.11 所示。

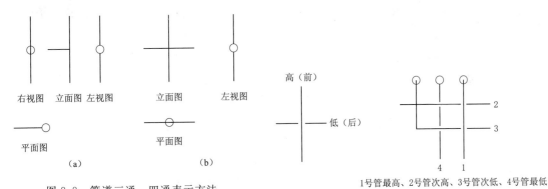

图 8.8　管道三通、四通表示方法
（a）三通表示方法；（b）四通表示方法

1号管最高、2号管次高、3号管次低、4号管最低

图 8.9　管道交叉的表示方法

7. 标高的标注方法

给排水工程制图标高标注应符合下列规定：平面图中，管道标高应按图 8.11 所示的方式标注。平面图中，沟渠标高应按图 8.12 所示的方式标注。剖面图中，管道及水位的标高应按图 8.13 所示的方式标注。轴测图中，管道标高应按图 8.14 所示的方式标注。给水管道平面图如图 8.15 所示，道路管线标准横断面图如图 8.16 所示，给水管道节点图如图 8.17 所示，给水管道纵断面图如图 8.18 所示，污水干管纵剖面图如图 8.19 所示，阀门井如图 8.20 所示，检查井如图 8.21 所示。

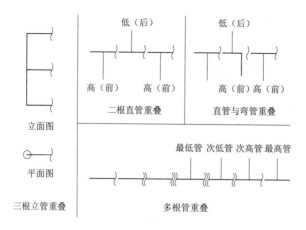

图 8.10　管道重叠的表示方法

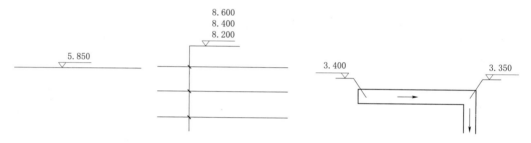

图 8.11　平面图中管道标高的标注法　　　图 8.12　平面图中的沟渠标高的标注方法

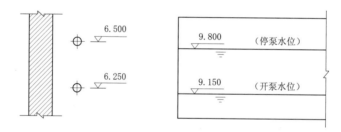

图 8.13　剖面图中管道及水位标高的标注法

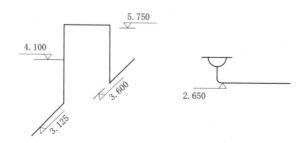

图 8.14　轴测图中管道标高的标注法

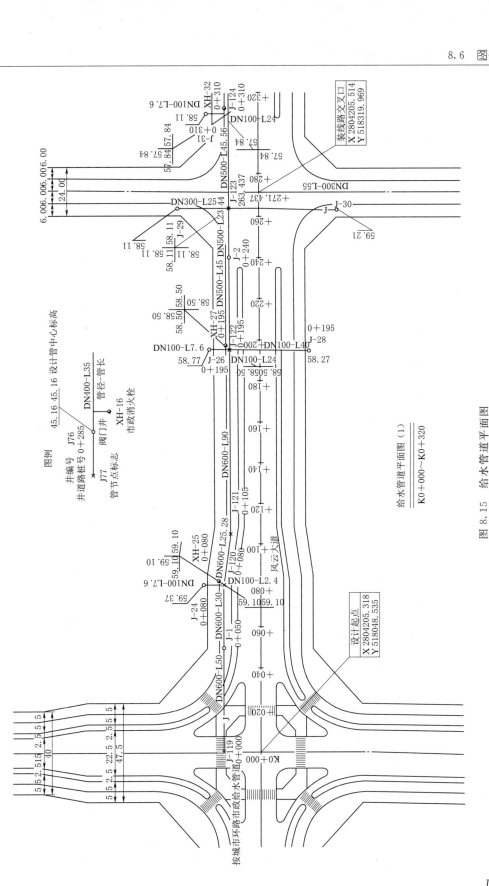

图 8.15 给水管道平面图

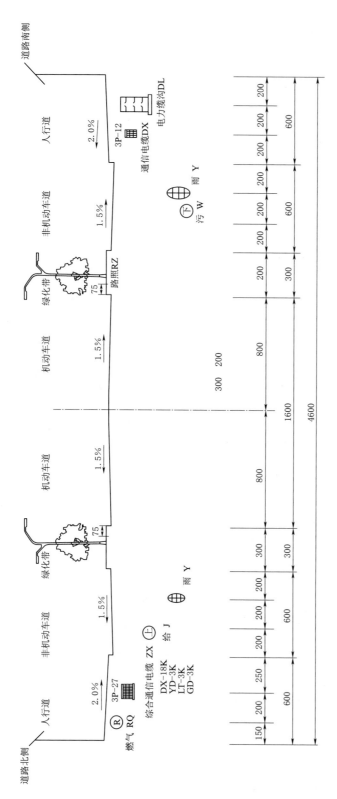

道路管线标准横断面（1）

竖1:100
横1:200

（K0+000~K1+840路段）

图例

DL ——	电力电缆沟	J ——	给水道
DX ——	通信电缆	W ——	污水管
ZX ——	综合通信电缆	Y ——	雨水管
RZ ——	道路照明	RQ ——	燃气管

附注：1. 本图适用于道路里程K0+000~K1+840路段道路管线标准横断面。
2. 本图尺寸单位均以cm计。
3. 未说明之处详见市政给水排水设计总说明及按现行规范行规标准执行。

图 8.16 道路管线标准横断面图

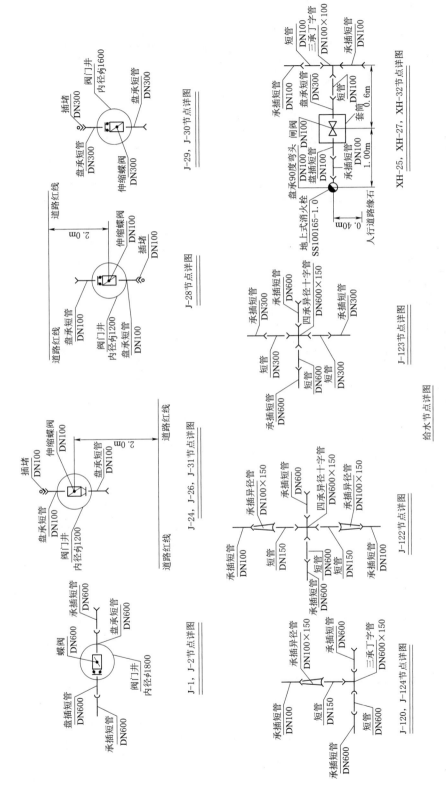

图 8.17 给水管道节点详图

149

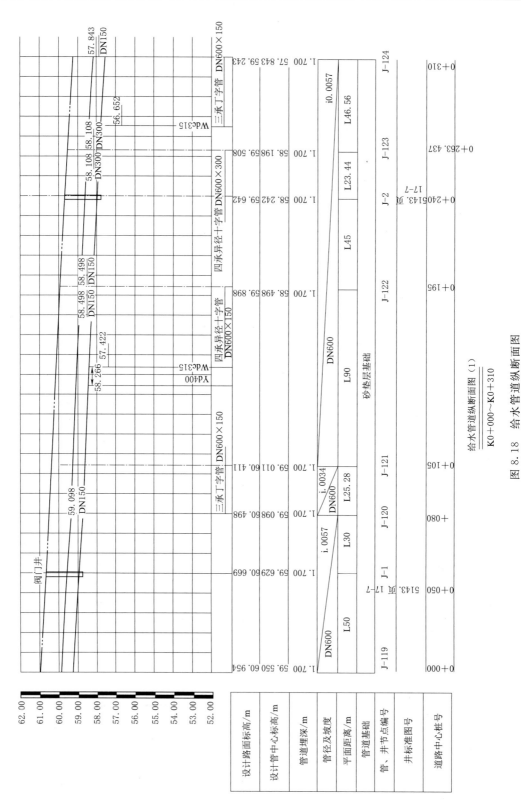

给水管纵断面图（1）
K0+000～K0+310

图 8.18　给水管道纵断面图

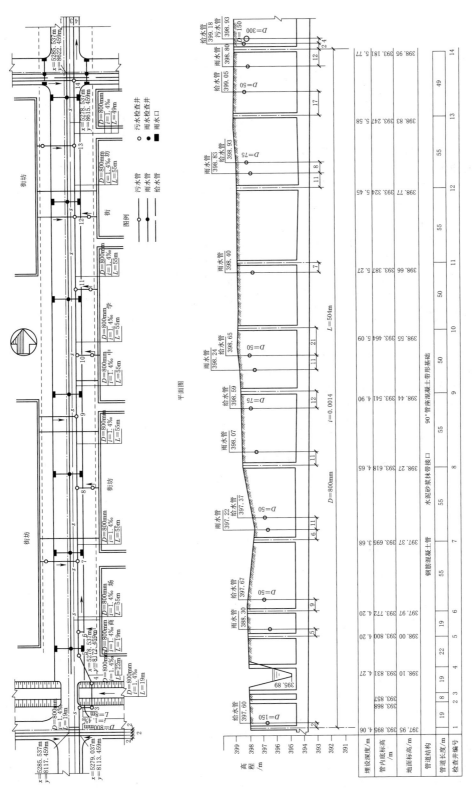

图 8.19 污水干管纵剖面图

参 考 文 献

[1] 刘俊红，翟国静，孙海梅. 给排水工程施工技术［M］. 北京：中国水利水电出版社，2020.

[2] 马效民. 给排水工程施工［M］. 北京：中国铁道出版社，2016.

[3] 全国一级建造师执业资格考试用书编写委员会. 建设工程施工管理［M］. 4版. 北京：中国建筑工业出版社，2015.

[4] 全国二级建造师执业资格考试用书编写委员会. 建设工程施工管理［M］. 4版. 北京：中国建筑工业出版社，2013.

[5] 郭雪梅. 建筑给排水工程建造［M］. 北京：机械工业出版社，2011.

[6] 刘灿生. 给排水工程施工手册［M］. 2版. 北京：中国建筑工业出版社，2010.

[7] 李杨. 市政给排水工程施工［M］. 北京：中国水利水电出版社，2010.

[8] 张胜峰. 建筑给排水工程施工［M］. 北京：中国水利水电出版社，2010.

[9] 宋文学. 给排水施工组织与项目管理［M］. 北京：中国水利水电出版社，2010.

[10] 边喜龙，陈伯君. 给水排水工程预算与施工组织［M］. 北京：化学工业出版社，2010.

[11] GB/T 50106—2010 建筑给排水制图标准［S］

[12] GB 50268—2008 给水排水管道工程施工及验收规范［S］

[13] 白建国. 市政管道工程施工［M］. 3版. 北京：中国建筑工业出版社，2007.

[14] 通信建设监理培训教材编写组编. 通信工程监理实务［M］. 北京：人民邮电出版社，2006.

[15] GB 50168—2006 电气装置安装工程电缆线路施工及验收规范［S］

[16] CJJ 28—2004 城镇供热管网工程施工及验收规范［S］

[17] CJJ 33—2005 城镇燃气输配工程施工及验收规范［S］

[18] 颜纯文，蒋国盛，叶建良. 非开挖铺设地下管线工程技术［M］. 上海：上海科学技术出版社，2005.

[19] GB 50014—2006 室外排水设计规范［S］

[20] GB 50013—2006 室外给水设计规范［S］

[21] 姜湘山，张晓明. 市政工程管道工实用技术［M］. 北京：机械工业出版社，2005.

[22] 段常贵. 燃气输配［M］. 3版. 北京：中国建筑工业出版社，2001.

[23] 李德英. 供热工程［M］. 北京：中国建筑工业出版社，2005.

[24] 边喜龙. 给水排水工程施工技术［M］. 北京：中国建筑工业出版社，2005.

[25] 张奎. 给水排水管道工程技术［M］. 北京：中国建筑工业出版社，2005.

[26] 杨云芳. 城市道路工程施工监理要点［M］. 北京：人民交通出版社，2004.

[27] 市政工程设计施工系列图集编绘组. 市政工程设计施工系列图集（给水、排水工程，下册）［M］. 北京：中国建材工业出版社，2004.

[28] 周希章. 电工技术手册［M］. 北京：中国电力出版社，2004.

[29] 刘钊，余才高，周振强. 地铁工程设计与施工［M］. 北京：人民交通出版社，2004.

[30] 周爱国. 隧道工程现场施工技术［M］. 北京：人民交通出版社，2004.

[31] 张风祥，朱合华，傅德明. 盾构隧道［M］. 北京：人民交通出版社，2004.

[32] 毛建平，金文良. 水利水电工程施工［M］. 郑州：黄河水利出版社，2004.

[33] 邢丽贞. 市政管道施工技术［M］. 北京：化学工业出版社，2004.

[34] 王炳坤. 城市规划中的工程规划［M］. 修订版. 天津：天津大学出版社，2004.

[35] 李国轩. 水利水电勘察设计施工新技术实用手册 [M]. 长春：吉林摄影出版社，2004.

[36] GB 50268—97 给水排水管道工程施工及验收规范 [S]

[37] 李昂. 管道工程施工及验收标准规范实务全书 [M]. 北京：金盾电子出版公司，2003.

[38] 刘强. 通信光缆线路工程与维护 [M]. 西安：西安电子科技大学出版社，2003.

[39] 贾宝，赵智，等. 管道施工技术 [M]. 北京：化学工业出版社，2003.

[40] GB 50242—2002 建筑给水排水及采暖工程施工质量验收规范 [S]

[41] 刘灿生. 给水排水工程施工手册 [M]. 2 版. 北京：中国建筑工业出版社，2002.

[42] GB 50202—2002 建筑地基基础工程施工质量验收规范 [S]

[43] CJJ 3—90 市政排水管渠工程质量检验评定标准 [S]

[44] 谷峡，边喜龙，韩洪军. 新编建筑给水排水工程师手册 [M]. 哈尔滨；黑龙江科学技术出版社，2001.

[45] 戴慎志. 城市基础设施工程规划手册 [M]. 北京：中国建筑工业出版社，2000.

[46] 夏明耀. 地下工程设计施工手册 [M]. 北京：中国建筑工业出版社，1999.

[47] 李良训. 市政管道工程 [M]. 北京：中国建筑工业出版社，1998.

[48] 许其昌. 给水排水管道工程施工及验收规范实施手册 [M]. 北京：中国建筑工业出版社，1998.

[49] 严煦世，范瑾初. 给水工程 [M]. 3 版. 北京：中国建筑工业出版社，1995.

[50] 郑达谦. 给水排水工程施工 [M]. 3 版. 北京：中国建筑工业出版社，1998.

[51] 孙连溪. 实用给水排水工程施工手册 [M]. 北京：中国建筑工业出版社，1998.

[52] 秦树和，杨光臣. 安装工程施工工艺 [M]. 重庆：重庆大学出版社，1997.

[53] 孙慧修. 排水工程 [M]. 3 版. 北京：中国建筑工业出版社，1996.

[54] 北京市政工程局. 市政工程施工手册 [M]. 第二卷，专业施工技术（一）. 北京：中国建筑工业出版社，1995.

[55] 翁家杰. 地下工程 [M]. 北京：煤炭工业出版社，1995.

[56] 徐鼎文，常志续. 给水排水工程施工 [M]. 北京：中国建筑工业出版社，1993.

[57] 张鸿滨. 水暖与通风施工技术 [M]. 北京：中国建筑工业出版社，1989.

[58] 哈尔滨建筑工程学院等编. 燃气输配 [M]. 北京：中国建筑工业出版社，1986.

[59] 高乃熙，张小珠. 顶管技术 [M]. 北京：中国建筑工业出版社，1984.